山家清供

ShanJiaQingGong

中国古代物质文化丛书

〔宋〕林 洪 / 著   刘玉湘 / 译注

重庆出版集团 重庆出版社

图书在版编目（CIP）数据

山家清供 /（宋）林洪著；刘玉湘译注. -- 重庆：
重庆出版社，2025.1. -- ISBN 978-7-229-19013-2

Ⅰ. TS972.117

中国国家版本馆CIP数据核字第2024CW6758号

山家清供
SHANJIA QINGGONG

〔宋〕林 洪 著 刘玉湘 译注

策 划 人：刘太亨
责任编辑：程凤娟
责任校对：刘小燕
特约编辑：冯雁飞
封面设计：日日新
版式设计：曲 丹
插　　画：张羽潇

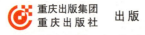
出版

重庆市南岸区南滨路162号1幢　邮编：400061　http://www.cqph.com
重庆建新印务有限公司印刷
重庆出版集团图书发行有限公司发行
全国新华书店经销

开本：740mm×1000mm　1/16　印张：19.25　字数：300千
2025年1月第1版　2025年1月第1次印刷
ISBN 978-7-229-19013-2

定价：68.00元

如有印装质量问题，请向本集团图书发行有限公司调换：023-61520678

版权所有，侵权必究

出版说明

最近几年，众多收藏、制艺、园林、古建和品鉴类图书以图片为主，少有较为深入的文化阐释，明显忽略了"物"应有的本分与灵魂。有严重文化缺失的品鉴已使许多人的生活变得极为浮躁，为害不小，这是读书人共同面对的烦恼。真伪之辨，品格之别，只寄望于业内仅有的少数所谓的大家很不现实。那么，解决问题的方法何在呢？那就是深入研究传统文化、研读古籍中的相关经典，为此，我们整理了一批内容宏富的书目，这个书目中的绝大部分书籍均为文言古籍，没有标点，也无注释，更无白话。考虑到大部分读者可能面临的阅读障碍，我们邀请相关学者进行了注释和今译，并辑为"中国古代物质文化丛书"，予以出版。

关于我们的努力，还有几个方面需要加以说明。

一、关于选本，我们遵从以下两个基本原则：一是必须是众多行内专家一直以来的基础藏书和案头读本；二是所选古籍的内容一定要细致、深入、全面。然后按专家的建议，将相关古籍中的精要梳理后植入，以求在同一部书中集中更多先贤智慧和研习经验，最大限度地厘清一个知识门类的基础与常识，让读者真正开卷有益。而且，力求所选版本皆是善本。

二、关于体例，我们仍沿袭文言、注释、译文的三段式结构。三者同在，是满足各类读者阅读需求的最佳选择。为了注译的准确精雅，我们在编辑过程中进行了多次交叉审读，以此减少误释和错译。

三、关于插图的处理。一是完全依原著的脉络而行，忠实于内容本身，真正做到图文相应，互为补充，使每一"物"都能植根于相应的历史视点，同时又让文化的过去形态在"物象"中得以直观呈现。古籍本身的插图，更是循文而行，有的虽然做了加工，却仍以强化原图的视觉效果为原则。二是对部分无图可寻，却更需要图示的内容，则在广泛参阅大量古籍的基础上，组织画师绘制。虽然耗时费力，却能辨析分明，令人眼目生辉。

四、对移入的内容，在编排时都与原文作了区别，也相应起了标题。虽然它牢牢地切合于原文，遵从原文的叙述主线，却仍然可以独立成篇。再加上因图而生的图释文字，便有机地构成了点、线、面三者结合的"立体阅读模式"。"立体阅读"对该丛书所涉内容而言，无疑是妥当之选。

还需要说明的是，不能简单地将该丛书视为"收藏类"读本，但也不能将其视为"非收藏类读本"。因为该丛书，其实比"收藏类"更值得收藏，也更深入，却少了众多收藏类读物的急功近利，少了为收藏而收藏的平庸与肤浅。我们组织编译和出版该丛书，是为了帮助读者重获中国文化固有的"物我观"，是为了让读者重返古代高洁的"清赏"状态。清赏首先要心底"清静"；心底"清静"，人才会独具"慧眼"；而人有了"慧眼"，又何患不能鉴真识伪呢？

中国古代物质文化丛书　编辑组
2009年6月

序

《山家清供》为南宋文人林洪所著。林洪,字龙发,号可山,南宋晚期福建泉州人,具体生卒年不详,其详细生平事迹亦不可考。林洪自称是北宋著名隐士林逋七世孙,在其所著《山家清事·种梅养鹤图说》中,他追忆自己的祖辈:"先太祖瓒,在唐以孝旌。七世祖逋,寓孤山,国朝谥和靖先生。"林逋,即那位著名的"以梅为妻,以鹤为子"的隐士林和靖先生。正因如此,林洪的说法在当时便引起别人的怀疑甚至嘲讽,如陈世崇(公元1245—1309年,字伯仁,号随隐,临川人,宋末元初诗人)就说:"和靖当年不娶妻,只留一鹤一童儿。可山认作孤山种,正是瓜皮搭李皮。"(陈世崇《随隐漫录》卷三)但林洪的说法似乎也不是毫无根据,清代施鸿保《闽杂记》记载,林则徐任浙江杭嘉湖道时,曾主持重修孤山林和靖墓及放鹤亭,发现一块碑记,记载林逋确有后裔。可见"梅妻鹤子"只是形容林和靖不流于世俗的孤高,并不意味着他一定没有家室甚至子孙。林洪自称为其后裔,故没有根据是不太可能乱认祖宗的。据现有资料记载,林洪青年时曾求学于危巽斋在福建漳州举办的龙江书院。危巽斋即危稹,生于公元1158年,卒于公元1234年,南宋时期文学家和诗人。原名科,字逢吉,自号巽斋,又号骊塘,抚州临川(今属江西)人。淳熙十四年进士,调南康军教授,擢著作郎兼屯田郎官,出知潮州,又知漳州,著有《巽斋集》。龙江书院当为其知漳州时所创,由危巽斋的生活年代可推知林洪生活的大致年代(《山家清供·蟹酿橙》还记录了危巽斋赞美蟹味的一句诗)。此后林洪曾在江淮一带游历二十余年,与当时江浙一带的文人士子多有交游。其著作除《山家清供》外,另有《山家清事》《文房图赞》

《茹草记事》等。《千家诗》收录其诗作三首。

中国的两宋时期是一个辉煌的时代，经济、商贸的高度发展带来文化艺术的空前繁荣。国家的相对富足，人民的安居乐业，使宋代的饮食文化达到了一个前所未有的高度。《清明上河图》中那鳞次栉比的大小酒楼和布满大街小巷的美食小吃都反映了这一点，而这个时期的文学作品对美食的描述更是汗牛充栋，不胜枚举。南宋时期，随着偏安朝廷的逐步稳定，人们对饮食的需求不再仅仅是为了果腹，而是追求更高层次的口味和美感，前所未闻的大量美食被发明出来，所谓"食不厌精，脍不厌细"。《东京梦华录》卷二仅"饮食果子"条提到的美食，就有上百种。如百味羹、头羹、新法鹌子羹、二色腰子、假河豚、货鳜鱼、乳炊羊、闹厅羊、角炙腰子、鹅鸭排蒸、荔枝腰子、还元腰子、烧臆子、莲花鸭签、酒炙肚胘、入炉羊、羊头签、鸡签、盘兔、炒兔、葱泼兔、假野狐、金丝肚羹、石肚羹、假炙獐、煎鹌子、生炒肺、炒蛤蜊、炒蟹等，不一而足。《梦粱录》中"分茶酒店"条罗列的美味佳肴就有二百四十余种，堪称是那个时代的菜谱大全。"面食店"条及"荤素从食店"条所罗列的面食、小吃、点心等更是花样繁多，如仅面食就有猪羊盦生面、鱼桐皮面、盐煎面、丝鸡面、笋泼肉面、炒鸡面、大熬面、三鲜面、子料浇虾臊面等种类。饮食文化的发达催生了众多谈饮食文化的著作，林洪的《山家清供》当属其中之佼佼者，是此时期具有代表性的饮食文化著作之一。

《山家清供》原不分卷，分100节，另附"胡麻酒""茶供"各一节，共102节（据《四库全书》元陶宗仪《说郛》本）。全书涉猎广泛，夹叙夹议，内容丰富多彩。主要收录以蔬蓛（豆、菇、笋、芋、蕨等）、花果（梨、橙、栗、杏、荸荠、莲蓬、梅花等）、禽畜（鸡、鸭、羊、兔等）、海鲜河鱼（鱼、虾、蟹等）为主要原料的烹饪方法。每篇记叙简短有趣，多穿插有关历史掌故、诗文等，文笔优美，描述生动。许多菜肴别出心裁，独具一格。管中窥豹，可见当时烹饪艺术已达到的水平，因此本书也是珍贵的历史文献。

　　本书文字翻译依据中华书局2013年10月出版，由章原编著的《山家清供》一书，间或有存疑或译者认为明显错讹之处，也在有关译注中作了说明。《山家清供》的一大特色是注重医食同源，对于食物的养生价值多有议论和阐发。不但屡屡引用《本草》等医药论述，在具体描述中也很重视食材原料的保健作用。为了弘扬本书的这一特色，译者按编者要求，将书中涉及的所有食材从《本草纲目》中一一找出，附录图样，并详细列举每种食材的外形特征、功效作用及禁忌事项等，便于读者了解每种食材的药用价值，拓展丰富本书内容。其次，《山家清供》虽是一部谈饮食文化的书，但因是文人雅士所写，所以在谈吃谈喝之余，谈诗论文自是题中应有之义。文中大量穿插引用各种典故趣闻、诗词歌赋、名人言论等相关内容，间或画龙点睛，品评古人，发忧国忧民之情思，其中也不乏真知灼见之语。为了加深读者对原文的理解，译者同样按照编者要求，将文中涉及的所有诗词歌赋一一查明出处，原文引用，个别之处添加注解，便于读者理解诗文精髓。但《山家清供》全书有几处引诗与原作有出入，当是林洪误记，本书翻译时就不一一指出，以"文中诗赏读"所录为准。

　　因译者水平所限，文中错讹疏漏之处在所难免，请广大读者朋友们批评指正。

刘玉湘
2023年6月3日

目 录

出版说明 / 1

序 / 3

上卷

青精饭 …………………………………（3）

碧涧羹 …………………………………（7）

苜蓿盘 …………………………………（10）

考亭蕈 …………………………………（13）

太守羹 …………………………………（15）

冰壶珍 …………………………………（18）

蓝田玉 …………………………………（20）

豆 粥 …………………………………（24）

蟠桃饭 …………………………………（27）

寒 具 …………………………………（31）

黄金鸡 …………………………………（40）

槐叶淘 …………………………………（47）

地黄馎饦	（51）
梅花汤饼	（54）
椿根馄饨	（56）
玉糁羹	（58）
百合面	（60）
栝蒌粉	（62）
素蒸鸭又云卢怀谨事	（64）
黄精果饼茹	（66）
傍林鲜	（69）
雕菰饭	（72）
锦带羹	（76）
煿金煮玉	（79）
土芝丹	（80）
柳叶韭	（82）
松黄饼	（85）
酥琼叶	（88）
元修菜	（90）
紫英菊	（94）
银丝供	（98）
凫茨粉	（100）
蔊卜煎又名端木煎	（103）
蒿蒌菜蒿鱼羹	（105）

玉灌肺 …………………………………… （108）

进贤菜苍耳饭 …………………………… （111）

山海兜 …………………………………… （115）

拨霞供 …………………………………… （118）

骊塘羹 …………………………………… （121）

真汤饼 …………………………………… （126）

沆瀣浆 …………………………………… （128）

神仙富贵饼 ……………………………… （130）

香圆杯 …………………………………… （133）

蟹酿橙 …………………………………… （139）

莲房鱼包 ………………………………… （142）

玉带羹 …………………………………… （145）

酒煮菜 …………………………………… （147）

附辑：古代食盒 / 35　天然调味料 / 45

加工调味料 / 46　古代火锅 / 124

食品雕刻 / 138

下卷

蜜渍梅花 ………………………………… （151）

持螯供 …………………………………… （154）

汤绽梅 …………………………………… （160）

通神饼 …………………………………… （161）

金　饭 …………………………………（162）

石子羹 …………………………………（164）

梅　粥 …………………………………（165）

山家三脆 ………………………………（166）

玉井饭 …………………………………（168）

洞庭饐 …………………………………（176）

荼蘼粥_{附木香菜} ……………………（178）

蓬　糕 …………………………………（181）

樱桃煎 …………………………………（183）

如荠菜 …………………………………（185）

萝菔面 …………………………………（188）

麦门冬煎 ………………………………（189）

假煎肉 …………………………………（194）

橙玉生 …………………………………（197）

玉延索饼 ………………………………（199）

大耐糕 …………………………………（201）

鸳鸯炙雉 ………………………………（204）

笋蕨馄饨 ………………………………（208）

雪霞羹 …………………………………（210）

鹅黄豆生 ………………………………（212）

真君粥 …………………………………（213）

酥黄独 …………………………………（215）

满山香 …………………………………（217）

酒煮玉蕈 ………………………………（219）

鸭脚羹 …………………………………（220）

石榴粉银丝羹附 ………………………（222）

广寒糕 …………………………………（223）

河祇粥 …………………………………（228）

松　玉 …………………………………（230）

雷公栗 …………………………………（232）

东坡豆腐 ………………………………（234）

碧筒酒 …………………………………（236）

罂乳鱼 …………………………………（239）

胜　肉 …………………………………（241）

木鱼子 …………………………………（242）

自爱淘 …………………………………（244）

忘忧齑 …………………………………（245）

脆琅玕 …………………………………（249）

炙　獐 …………………………………（252）

当团参 …………………………………（254）

梅花脯 …………………………………（255）

牛尾狸 …………………………………（256）

金玉羹 …………………………………（262）

山煮羊 …………………………………（263）

牛蒡脯 …………………………………（265）

牡丹生菜 ………………………………（268）

不寒齑 …………………………………（270）

素醒酒冰 ………………………………（271）

豆黄签 …………………………………（273）

菊苗煎 …………………………………（275）

胡麻酒 …………………………………（276）

茶　供 …………………………………（278）

新丰酒法 ………………………………（288）

  附辑：食蟹工具／159　古代餐桌／173
　　　食品的贮存加工／191　宋代刀工技艺／258
　　　宋代配菜技艺／260
　　　宋代食材的预处理／266
　　　斗茶法／284　煎茶法／285　点茶法／287

上卷

47则,以素食为主,记载羹、汤、饭、饼、面、粥、糕团、点心等日常食物,以及其用材、制法、味型及养生功效。

青精饭

原文 ‖ 青精饭，首以此[1]，重谷[2]也。按《本草》[3]："南烛木，今名黑饭草，又名旱莲草。"即青精也。采枝叶，捣汁，浸上白好粳米[4]，不拘多少，候一二时[5]，蒸饭。曝干，坚而碧色，收贮。如用时，先用滚水[6]量以米数，煮一滚即成饭矣。用水不可多，亦不可少。久服延年益颜。仙方[7]又有"青精石饭"，世未知"石"为何也。按《本草》："用青石脂[8]三斤、青粱米[9]一斗[10]，水浸三日，捣为丸，如李大，白汤[11]送服一二丸，可不饥。"是知"石脂"也。

二法皆有据。第[12]以山居供客，则当用前法。如欲效子房辟谷[13]，当用后法。

每读杜[14]诗，既曰："岂无青精饭，令我颜色[15]好。"又曰："李侯金闺彦，脱身事幽讨。"当时才名如杜、李，可谓切于爱君忧国矣。天乃不使之壮年以行其志，而使之俱有青精、瑶草[16]之思，惜哉！

注释 ‖ [1] 首以此：以此为首，即将青精饭放在首位。

[2] 重谷：重视谷物。谷，谷物。

[3]《本草》：古代载录日常食用物品的书，因植物居多，所以以"本草"名之，下文同。中国最早的此类书为《神农本草经》。

[4] 粳米：南方大米之一种，另二种为籼米和糯米。米，稻谷碾制去壳后的成品。

[5] 时：时辰。中国古代计时，把一昼夜的24个小时分为十二个时辰。从23点起，分别为子、丑、寅、卯、辰、巳、午、未、申、酉、戌、亥。一个时辰即今之2个小时。

[6] 滚水：沸水，开水。

[7] 仙方：传说中神仙的灵丹妙药，食之可长生不老。

[8] 青石脂：风化石的一种，可药用，也常为道家炼外丹所用。

[9] 青粱米：粱的一种，须根和秆都粗壮，常于秋季收割。

[10] 斗：古代量器。一斗米重约12.5斤。

[11] 白汤：白开水。

籼米

籼米呈椭圆形或细长形,出饭率高,煮后黏性较小。其又可分为早籼米和晚籼米。早籼米在六七月份收割,晚籼米在早籼米收割完成后播种。早籼米厚而短,腹白较大,黏性相较晚籼米更小,质量也不如后者。

糯米

糯米是南方的叫法,北方称之为江米。糯米是糯稻的去壳种仁,可作为黏性小吃和醪糟等的主要原料。糯米呈乳白色,不透明或半透明状,黏性大,有补中益气、温暖脾胃的作用。

粳米

粳米由粳稻谷加工而成,主要产于我国东北、华北。其米粒大多呈椭圆形或圆形,外观晶莹剔透,粒粒饱满,口感柔软,具有独特的香气与口感,但出饭率低,煮后黏性较大。

〔12〕第:但是。文言连词。

〔13〕子房辟谷:子房,即张良,汉高祖刘邦的谋士之一,与韩信、萧何并称"汉初三杰"。辟谷,即不食五谷杂粮,为仙家的一种养生方式。

〔14〕杜:指杜甫。

〔15〕颜色:面部气色。

〔16〕瑶草:仙草,服之祛病长生。

译文 ‖ 把青精饭放在首位,是因为看重谷物。按《本草》所载,南烛木,现在的名字叫黑饭草,又叫旱莲草。说的就是青精。采摘青精的枝叶,捣汁,浸泡上好的白粳米,不管多少,都得等一二个时辰再蒸饭。饭曝晒,直至干到坚硬,为碧绿色时,再收贮起来。如果要食用,先将水烧开,酌量加入碧绿的干粳米,待水再滚开,饭就成了。用水一定要适量,不可多,也不可少。经常食用,可延年益颜。仙家的食谱中又有"青精石饭",但世人并不知道其中之"石"是何物。《本草》载,用青石脂三斤,青粱米一斗,水浸泡三日,捣细后做成李子大小的丸子,用白开水送服一二丸,吃了不会感到饥饿。由此可知,"石"即"石脂"。

以上两种做法都有据可查。但山野中人居家待客,当用前种方法。如果学子房辟谷,则应当用后一种方法。

每每读杜甫的诗《赠李白》,都有感于它既说"岂无青精饭,使我颜色好"。又说:"李侯金闺彦,脱身事幽讨。"当时才名如杜甫、李白者,可以说都非常爱君忧国,可上苍却不让他们在壮年时施展抱负,而使其有修仙归隐,托生青精、瑶草的念头,真可惜!

上卷

青粱米 粱者,良也,谷物中的优良者。粱也就是粟。青粱米,味甘,性微寒,无毒,健脾益气,养颜延寿。粟中颗粒大,呈青黑色的就是青粱米。

粳 粳是稻谷的总称。米蒸煮,相对口感更黏腻的是糯米,相对口感更松软的是粳米。但粳米、糯米都味甘、苦,性平,无毒。温中,健脾胃,长肌肉,调五脏气。

黑石脂 味咸,性平,无毒,养肾气,强阴。久服益气,延年,使人感觉不到饥饿。又可以用来绘画。可以凝结的膏体叫脂。

□ 青精

  青精,又名南烛木,多饭草,是长在山坡的一种灌木,枝叶如冬青,6~7月开花,8~9月结果,为浆紫色。叶,味酸涩,性平。清肝明目,壮肾强筋,益气固精。治体虚气弱,早衰白发,久泄遗精。

⊙ 文中诗赏读

赠李白

〔唐〕杜甫

二年客东都,所历厌机巧。

野人对膻腥,蔬食常不饱。

岂无青精饭,使我颜色好。

苦乏大药资,山林迹如扫。

李侯金闺彦,脱身事幽讨。
亦有梁宋游,方期拾瑶草。

碧涧羹

原文 ‖ 芹,楚葵[1]也,又名水英。有二种:荻芹[2]取根,赤芹[3]取叶与茎,俱可食。二月、三月,作羹时采之,洗净,入汤[4]焯过,取出,以苦酒[5]研芝麻,入盐少许,与茴香渍[6]之,可作菹[7]。惟瀹[8]而羹之者,既清而馨,犹碧涧然。故杜甫有"青芹碧涧羹"之句。或者:芹,微草[9]也,杜甫何取焉而诵咏之不暇?不思野人[10]持此,犹欲以献于君[11]者乎!

注释 ‖ [1]楚葵:芹菜有水芹、旱芹两类,楚葵即水芹。

[2]荻芹:水芹的一种。《永乐大典·湖州府·四》载:"荻芹根白色,赤芹茎叶赤紫,堪作菹。"

[3]赤芹:水芹的一种,又称紫堇、蜀芹。其叶子有三寸多长,叶面呈深绿色,叶上有黄色的斑点,叶背很红,味苦涩。

[4]汤:开水,热水。

[5]苦酒:古代醋的别称。

[6]渍:淹泡。

[7]菹(zū):腌渍菜。

[8]瀹(yuè):以汤煮物。

[9]微草:此处指普通的草本植物。

[10]野人:乡野之人,此处指无官位的平民。

[11]君:此处指君王、皇帝。

译文 ‖ 芹菜,就是楚葵,又名水英。水芹有两种:一种是荻芹,取其根部食用;另一种是赤芹,其叶片与茎秆都可以食用。二三月间做羹汤时,取水芹可食用部分,用清水洗净,热水焯过,用醋、研碎的芝麻,加入少许盐,再加入茴香,将其做成腌渍菜。烹煮水芹做成的羹汤,清淡又馨香,犹如涧水一样。所以杜甫有"青芹碧涧羹"的诗句。或许有人说:水芹,不过就是一种很普通的菜,杜甫为什么偏选它作为诵咏的对象呢?他没想到的是,还有乡野之人想将这种美味小菜献给君王呢!

花 有毒，不可食用。

茎 味甘，性平，无毒，且有止血养精，保养血脉，强身补气之功效。捣汁服用，可祛除暑热，医治结石。

□ 芹菜

　　芹菜，又名楚葵、水英、水芹，有水生、旱生两类。水芹生在阴暗潮湿的地方，旱芹则生在陆地，有红、白两种。它一般二月长出幼苗，五月开花。作为高纤维蔬菜，芹菜经肠内消化作用可产生抗氧化物质，抑制肠内的致癌物质，还可预防高血压、动脉硬化等。

◎ 炒芹菜

　　林洪在文中介绍了两种芹菜的做法，但无论是何种做法，都力图保证芹菜原本的风味。持此观点的还有袁枚，其在《随园食单·杂素菜单》中也介绍了芹菜的做法：

　　选取白根，加入笋子翻炒至断生。袁枚在此点评：有些人以芹菜炒肉，清浊不分，不伦不类。也有炒不熟的芹菜，虽然很脆但无味。也有生拌野鸡而食的芹菜，自又另当别论。

⊙ 文中诗赏读

陪郑广文游何将军山林·其二

〔唐〕杜甫

百顷风潭上，千章夏木清。
卑枝低结子，接叶暗巢莺。
鲜鲫银丝脍，香芹碧涧羹。
翻疑柁楼底，晚饭越中行。

子 可治身体脓肿、霍乱,以及蛇伤和膀胱炎,祛胃部冷气,顺肠气,调中,治呕吐,消湿止痛,治干湿脚气、肾劳损、腹疝及腹部肿块、阴疼。开胃下气,补命门不足,暖丹田。夏天可熏走苍蝇蚊子,去除臭味。

茎叶 煮来吃,可治恶心,腹部不适。生的捣成汁与热酒一合一起服下,能通小肠气,治突然肾气冲胁(像刀刺一样痛,无法喘息)。

□ 茴香

李时珍说:茴香,又名八角珠,深冬季节由宿根生出幼苗,五六月开花,结出的子像秕谷,轻而有细棱。其味辛,性平,无毒。茴香是常见的调味品。煮肉,或者做鸡、猪肉脯时,加入茴香和酱烹制,美味至极。但食物中不能多加,因为它易使人上火,且损伤目力。

苜蓿盘

原文 ‖ 开元[1]中,东宫[2]官僚清淡[3]。薛令之[4]为左庶子[5],以诗自悼[6]曰:"朝日上团团,照见先生盘。盘中何所有?苜蓿长阑干[7]。饭涩匙难滑,羹稀箸易宽。以此谋朝夕,何由保岁寒?"上幸[8]东宫,因题其旁,曰"若嫌松桂寒,任逐桑榆[9]暖"之句。令之惶恐归。

每诵此,未知为何物。偶同宋雪岩[10]伯仁访郑墅钥[11],见所种者。因得其种并法。其叶绿紫色而灰,长或丈余。采,用汤焯,油炒,姜、盐随意,作羹茹[12]之,皆为风味。

本不恶[13],令之何为厌苦如此?东宫官僚,当极一时之选,而唐世诸贤见于篇什[14],皆为左迁[15]。令之寄思恐不在此盘。宾僚之选,至起"食无余"[16]之叹,上之人乃讽[17]以去。吁,薄矣!

注释 ‖ [1]开元:713—741年,唐玄宗李隆基年号。

[2]东宫:太子的居住地,亦指太子本人。

[3]清淡:生活清苦。

[4]薛令之(683—756年):字君珍,号明月,福建长溪县(今福安)人。唐神龙二年(706年)进士。其以诗文名,有《明月先生集》行世。薛令之少有壮志,乃福建第一位进士,却只任"太子侍讲"这一闲职,无法施展才华,因此写诗感怀,却遭到唐玄宗的讥讽,惊恐之下辞官故里。若干年后太子即位,即为唐肃宗。他想到了当年的老师,曾派人征召,想要委以重任,却不料薛令之已经辞世。

[5]左庶子:官名,太子属官。唐代于太子官署设左、右春坊,以左、右庶子隶之。

[6]自悼:自悲,自嘲之意。

[7]阑干:这里指纵横散乱。

[8]幸:指帝王到达某地。

[9]桑榆:本指桑树和榆树,也用来比喻晚年。这里与上句的"松桂"相对,寓指乡野田园,晚年幸福。

[10]宋雪岩:宋伯仁,字器之,号雪岩,广平(今河北广平)人。其善

根 性寒、无毒。捣碎后服用可治酒精中毒。捣碎取汁煎熟饮用，可治结石引起的疼痛。

□ **苜蓿**

苜蓿又称木栗、光风草。原产大宛，张骞出使西域时带回中原，可作牛、马饲料，其苗可作蔬菜食用，一年可收割三次。其味苦、涩，性平，无毒。主安中调脾胃，轻身健体，可以长期食用。它既可以加酱油煮着吃，也可煮成羹吃，对肠道有利。

作梅花，著有《梅花喜神谱》，是中国第一部专门描绘梅花的木刻画谱。喜神，宋时俗称画像为喜神，故名。

〔11〕郑墅钥：人名，生平不可考。

〔12〕茹：吃、吞咽之意。

〔13〕恶：差，不好。

〔14〕篇什：诗篇，诗文。

〔15〕左迁：官员降官、贬官之意。

〔16〕食无余：无余食。《诗经·秦风·权舆》载："於我乎，夏屋渠渠，今也每食无余。于嗟乎，不承权舆！"表达了怀才不遇的失落之情。

〔17〕讽：讥讽。

译文 ‖ 唐代开元年间，东宫太子的属官大多生活清苦。薛令之时任太子左庶子，写了首诗自嘲说："朝日上团团，照见先生盘。盘中何所有？苜蓿长阑干。饭涩匙难滑，羹稀箸易宽。以此谋朝夕，何由保岁寒？"唐玄宗驾临东宫，在诗旁也题了一首诗，里面有"若嫌松桂寒，任逐桑榆暖"的句子。薛令之见了十分惶恐，只得辞官回家。

每每念到薛令之这首诗，都不明白苜蓿为何物。一次偶然与宋雪岩先生拜访郑墅钥，见到了他种植的苜蓿，并得到了苜蓿的种子和烹饪方法。其绿紫色的叶子，带着灰色光泽，长有一丈多高。将叶子采下来，用开水焯过，再用油炒一下，随便放点姜、盐，做成菜羹吃，是很有特色的风味菜。

苜蓿的味道本来并不差，薛令之为何如此厌恶？当时太子东宫的官员，都选拔的是最优秀的人才，但有唐一世，见于诗文中的天下贤才许多都被贬官。所以薛令之寄托的寓意恐怕不仅仅是生活的清苦，而是人才不遇的失意吧。皇帝作诗予以讥讽，他不得不辞官归去。哎！真是太刻薄寡恩了！

⊙ 文中诗赏读

自 悼

〔唐〕薛令之

朝日上团团，照见先生盘。

盘中何所有？苜蓿长阑干。

饭涩匙难滑，羹稀箸易宽。

以此谋朝夕，何由保岁寒？

续薛令之题壁

〔唐〕李隆基

啄木觜距长，凤凰羽毛短。

若嫌松桂寒，任逐桑榆暖。

考亭蓴

原文 ‖ 考亭先生[1]每饮后,则以蓴菜[2]供。蓴,一出于盱江,分于建阳;一生于严滩[3]石上。公所供,盖建阳种。集有《蓴》诗可考。山谷[4]孙嵲,以沙卧蓴。食其苗,云:生临汀[5]者尤佳。

注释 ‖ 〔1〕考亭先生:指南宋理学家、思想家朱熹。朱熹(1130—1200年),字元晦,号晦庵,晚称晦翁,为理学思想之集大成者,后世尊称其为"朱子"。晚年定居建阳考亭,并创办考亭书院,故被称为"考亭先生"。
〔2〕蓴(hàn)菜:一年生草本植物,可作蔬菜食用,也可以入药。
〔3〕严滩:严陵濑,位于今浙江桐庐县南。严光,字子陵,又名遵,会稽余姚人。曾被汉光武帝任作谏议大夫,却辞官不做,在富春山种田。后人把严光钓鱼的地方称作严陵濑。
〔4〕山谷:指黄庭坚(1045—1105年),字鲁直,号清风阁、山谷道人,世称"豫章先生",江南西路洪州府分宁(今江西省九江市修水县)人。北宋文学家、书法家,在诗、词、文、书、画等方面都卓有成就,其书法独树一格,和苏轼、米芾以及蔡襄齐名,世称"宋四家"。江西诗派开山之祖,有《山谷词》《豫章黄先生文集》等行世。
〔5〕汀:水边平地,小洲。

译文 ‖ 考亭先生每次饮酒后,都会吃些蓴菜。蓴菜,有的生于江西盱江,又传到建阳;有的生于严陵濑的石上。考亭先生食用的蓴菜,应该是建阳的。他的文集中有写蓴菜的诗可以参考。黄山谷的孙子黄嵲,在沙地上种植蓴菜。在食用它的幼苗后说,生在水边小洲上的蓴菜尤为好吃。

◎ **炒蓴菜**

蓴菜在南方常见,其做法与一般蔬菜大致相同,可以清炒、凉拌,或者作为配菜使用。其味道虽然辛辣,却备受文人青睐。与市井百姓不同,文人喜爱蓴菜,更多的是一种情怀,一种对精神世界的追求。陆游在《醉中歌》中称赞蓴菜:"浔阳糖蟹径尺余,

□ 葶菜

又称香荠菜、野油菜、辣米菜。十字花科，一年生或二年生草本植物，与荠菜有渊源但不同。葶菜生长在南方，像田间小草，丛生于地面，其梗柔软，可连根叶一起拔出来吃。葶菜性温，无毒，可作野菜食用，全株可入药。

吾州之葶尤佳蔬。"本文提到理学家朱熹亦喜吃葶菜，并有两首关于葶菜的诗，其一为："小草有真性，托根寒涧幽。懦夫曾一嚼，感愤不能休。"（《葶菜次刘秀野蔬食十三韵之一》）其大意为：葶菜虽然是普通的小草，但是有真性情，它在寒涧边扎根生长。即使是懦夫，吃一口葶菜也会变得"感愤不能休"！其二为："灵草生何许，风泉古涧旁。褰裳勤采撷，枝箸嚏芳香。冷入玄根阀，春归翠颖长。遥知拈起处，全体露真常。"（《葶》）其大意为：葶菜生在什么地方呢，生在泉水古涧边上。撩起衣服勤采来吃，辣得打喷嚏也掩不住它的芳香。寒冷的季节它的根就不长了，春天到来时它碧绿的幼苗便脱颖而出茁壮成长。远远望见你拈起了葶菜，就知道你一定会露出你的本真。可见朱熹是多么喜爱葶菜了。宋·洪顺俞也在《老圃赋》中称赞"葶有拂士之风"，"拂士"指忠臣贤士，所以朱熹等文人喜欢葶菜，可能也有以此自比的意思。

太守羹

原文 ‖ 梁蔡遵[1]为吴兴[2]守,不饮郡井[3]。斋前自种白苋[4]、紫茄,以为常饵[5]。世之醉酦饱鲜[6]而怠[7]于事者视此,得无愧乎!然茄、苋性俱微冷,必加芼姜[8]为佳耳。

注释 ‖ [1] 蔡遵:应为蔡撙(467—523年),字景节,济阳郡考城县(今河南民权县)人。南朝梁官员,曾任宣毅将军、吴郡太守。蔡撙出身于世代公卿的士族济阳蔡氏,年轻时与兄长蔡寅一起为世人所知。

[2] 吴兴:浙江湖州的古称。三国甘露二年(266年),吴主孙皓取"吴国兴盛"之意,将"乌程"改为"吴兴",并设吴兴郡。隋代因吴兴濒临太湖而改称湖州。

[3] 郡井:指地方乡里。

[4] 白苋:苋菜,茎叶可作野菜食用,全草及根也可入药。

[5] 饵:本指糕饼,这里泛指食物。

[6] 醉酦饱鲜:泛指美味佳肴。

[7] 怠:懈怠、懒惰。

[8] 芼(máo)姜:指可以当做蔬菜食用的生姜。芼:野菜。

译文 ‖ 南梁蔡撙任吴兴郡太守时,饮食上却不搅扰乡民。他在房前自己种一些白苋和紫茄以供日常食用。世上那些沉迷于美味佳肴却懈怠于公务的人,与梁太守相比,难道就不会羞愧吗!不过白苋、紫茄性皆微冷,必定要加些生姜食用才比较好。

◎ 茄二法

作者并未介绍"太守羹"的具体做法,但据其崇尚天然的烹饪原则,想必是做法并不复杂,这里介绍清·袁枚《随园食单·杂素菜单》中的两种做法:

其一:把整个茄子去皮,用滚水泡去茄子的苦汁,再用猪油煎炸。煎炸时要等到泡茄子的水分干后才可以再加甜酱水干煨。

花　可治金属锐器所致的刀伤和牙痛。

蒂　把茄蒂烧成灰，和入饭中服二钱，可治大肠久积风冷所致的便血不止及血痔（伴有明显便血症状的内痔）。又可用来治口齿疮。将茄蒂生切后，可用来搽癜风。

根、枯茎、叶　将根、茎、叶煮成汤，浸泡治疗冻疮皲裂，很有效。还可散血消肿，治尿血、便血、血痢、子宫脱垂、齿痛和口腔溃疡。

□ 茄

　　茄子又称"落苏"，隋炀帝为了美饰它，称其为"昆仑紫瓜"。茄子有青茄、紫茄、白茄。白茄又称"银茄"，味道胜过青茄。紫茄的蒂很长，味道很甘美。茄味甘，性寒，无毒，长期受寒的人不能多吃。明·李时珍在《本草纲目》一书中提到，茄子治寒热，五脏劳，治温疾。

　　其二：把茄子切成小块，不去皮，放入热油中炸到微黄，捞出后再用酱油爆炒。

　　实际上，袁枚提到的这两种都是他人的做法，袁枚自己的做法则是：把茄子蒸烂后划开，用麻油、米醋拌着吃（清·袁枚《随园食单·杂素菜单》），而且特别说明这个菜适合夏天当小菜。

◎ 苋羹

　　做苋羹必须摘取苋菜的嫩尖部分，干炒，再加上虾米或者虾仁更好。不可加水见汤。

——清·袁枚《随园食单·杂素菜单》

果实 味甘，性寒，无毒，主治青光眼，明目，利大小便，祛除寒热。经常服用可增加元气和体力，身健体轻，不容易饥饿。又可治眼疾，杀死蛔虫，增加精气。

全草 味甘，性冷利，无毒。可以补气除热使九窍畅通，利大小肠，治痢疾初起，滑胎。

根 捣烂外敷可治下腹疼痛。

□ 苋

　　李时珍说：苋菜共有六种：赤苋、白苋、人苋、紫苋、五色苋、马苋。苋都是三月撒种，六月以后不能吃。

冰壶珍

原文 ‖ 太宗[1]问苏易简[2]曰:"食品称珍,何者为最?"对曰:"食无定味,适口[3]者珍。臣心知齑汁[4]美。"太宗笑问其故。曰:"臣一夕酷寒,拥炉[5]烧酒,痛饮大醉,拥以重衾[6]。忽醒,渴甚,乘月中庭,见残雪中覆有齑盎[7]。不暇[8]呼童,掬[9]雪盥手,满饮数缶[10]。臣此时自谓:上界[11]仙厨,鸾脯凤脂[12],殆[13]恐不及。屡欲作《冰壶先生传》记其事,未暇也。"太宗笑而然之。

后有问其方者,仆[14]答曰:"用清面菜汤浸以菜,止醉渴一味耳。或不然,请问之'冰壶先生'。"

注释 ‖ [1] 太宗:指宋太宗赵光义(939—997年)。赵光义本名赵匡义,因避其兄宋太祖赵匡胤讳,改名赵光义。

[2] 苏易简(958—997年):字太简,梓州铜山县(今四川省德阳市中江县广福镇)人。宋太宗太平兴国五年(980年)庚辰科状元,北宋官员,因文采斐然而深得宋太宗信任。与苏舜钦、苏舜元合称"铜山三苏"。著有《文房四谱》《续翰林志》及文集二十卷传世。

[3] 适口:适合自己口味的。

[4] 齑(jī)汁:齑,捣碎的菜。齑汁,这里指腌菜汁。

[5] 拥炉:围炉取暖。

[6] 衾(qīn):被子。

[7] 盎(àng):古代的一种盆,口小腹大,可以用来腌制咸菜。

[8] 暇:空闲,也指无事之时。

[9] 掬:双手捧取。

[10] 缶(fǒu):古代的一种瓦器,圆腹小口,用以汲水或盛流质食物。

[11] 上界:天上神仙居住的地方。

[12] 鸾脯凤脂:鸾,传说中凤凰一类的鸟。指用鸾凤做成的美味佳肴,传说中的珍馐美馔。

[13] 殆:大概。

[14] 仆:谦称,指作者自己。

译文 ‖ 宋太宗问苏易简:"称得上珍奇的食物,哪种最好?"苏易简回答说:"没有固定的风味,适合自己口味的就是最好的。我认为腌菜汁就很美味。"宋太宗笑着询问缘故,苏易简说:"臣有一夜十分寒冷,坐在火炉边上温酒痛饮,不觉大醉,盖着很厚的被子就睡过去了。忽然醒来,感觉十分口渴,乘着月光走到庭院里,见残雪中有个腌菜瓮露出来。臣来不及呼唤童仆,捧起雪擦了擦手,满饮了几缸瓮里的腌菜汁。臣此时觉得,就是天界神仙的厨子用鸾凤做的佳肴,恐怕也比不上这美味。臣屡次想写一篇《冰壶先生传》记叙这件事,一直没有空闲时间。"宋太宗笑着认可了苏易简的说法。

　　后来有人问我腌菜汁的制作方法,我回答说:"把蔬菜泡到清面菜汤里,过些时日去喝,就是解醉后口渴的一味良方。如有人不以为然,就请去问'冰壶先生'吧。"

◎ 酸菜

　　腌菜汁酸中带咸,所以喝了能解酒,也是人们就粥下饭的佳选之一。不过酸菜在腌制过程中会破坏蔬菜的维生素,多吃并不利于身体健康。作者介绍的腌菜汁的制作方法是用清面汤浸泡蔬菜,时间长了通过自然发酵也可以变酸变咸,成为酸菜。据陶谷《清异录》载,由于食材经济实惠,再穷的人也能吃得上它,活到一百岁也能享用,所以腌制的酸菜又叫"百岁羹"。袁枚曾在《随园食单·杂素菜单》中介绍过"酸菜"的炮制方法,与本文作者的方法异曲同工:

　　取冬季的白菜,把白菜心风干,用盐稍微腌渍一下,再加糖增加甜度,加醋增加酸度,加芥末增加辣味,把白菜心连同卤水放到罐中封存,通过自然发酵制作成酸菜。

蓝田玉

原文 ‖ 《汉·地理志》[1]："蓝田[2]出美玉。"魏[3]李预[4]每羡古人餐玉[5]之法,乃往蓝田,果得美玉种七十枚,为屑服饵,而不戒酒色。偶病笃[6],谓妻子曰:"服玉,必屏居[7]山林,排弃嗜欲,当大有神效。而吾酒色不绝,自致于死,非药过也。"

要之,长生之法,能清心戒欲,虽不服玉,亦可矣。今法:用瓠[8]一二枚,去皮毛,截作二寸方,烂蒸,以酱食之。不烦烧炼之功,但除一切烦恼妄想,久而自然神气清爽。较之前法,差胜[9]矣。故名"法制蓝田玉"。

注释 ‖〔1〕《汉·地理志》:《汉书·地理志》,作者班固(32—93年),乃中国最早以"地理"为书名的著作。全书介绍了西汉及之前的疆域变迁、政区划分、各地的地理情况,以及海上贸易和交通等内容。

〔2〕蓝田:县名,位于陕西渭河平原一带,以产美玉闻名,以周礼"玉之美者为蓝",故得名"蓝田"。

〔3〕魏:当指北魏(386—534年),南北朝时期北朝的第一个王朝,由鲜卑族拓跋珪建立。初建都平城(今山西省大同市),493年迁都洛阳。后分裂为东魏与西魏,最终分别被北齐、北周取代。

〔4〕李预:字元凯,北魏官员。太和初,历任秘书令、征西大将军长史等。

〔5〕餐玉:服食玉屑。古代传说中仙家以此延寿。

〔6〕病笃:病势沉重。

〔7〕屏居:屏客独居。

〔8〕瓠(hù):瓠瓜,又称瓠子,一年生草本植物,葫芦的变种之一。茎蔓生,果实长圆形,嫩时可食。

〔9〕差胜:略胜一筹。

译文 ‖ 《汉书·地理志》记载:"蓝田出美玉。"北魏时,李预常常羡慕古人服食玉屑的修炼方法,于是亲自去蓝田,果然寻找到七十块玉石。他把玉石制成玉屑服用,但并不戒酒色。后来病重,李预对妻儿说:"服食玉屑,

□ **神仙服食**

　　服用玉石以图长生不老,在古代有悠久的传统。在今天来看,当然毫无科学道理,实际上,服用这些矿物类药物不但无法让人长生不老,相反,还往往导致许多疾病,甚至致人死亡。文中提到的李预,是北魏的官员,就沉迷于服食玉石的养生方法,他的死亡与不节制酒色有关系,但主要的还是长期服用玉屑的缘故。《魏书·卷三十三·列传第二十一》记载了李预服食玉屑死亡的事,还说他死时是七月中旬,大热天气里停尸四宿,却体色不变,毫无秽气等,这不是以讹传讹,就是故意神化了。

玉屑 古人认为玉屑可以除胃中热，喘息烦满，止渴。久服玉屑，可以轻身延年，还可滋润心肺五脏，滋毛发，止烦躁。

玉泉 也叫玉札、玉浆、琼浆。古人认为玉泉是玉的精华，色白而明澈，可治五脏百病，柔筋强骨，安魂魄，生肌肉，益气，利血脉。久服耐寒暑，不饥渴。汉武帝为了长生不老而服用的金茎露就是它。

□ 玉

又叫玄真。交州出白玉，夫余出红玉，挹娄出青玉，大秦出菜玉，西蜀出黑玉。蓝田出美玉，因其色如蓝，所以叫蓝田。按《格古论》记载，古玉中青玉是上品，其色淡青，而带黄色。绿玉以深绿色的最佳，淡的稍次。菜玉非青非绿，如菜色，是玉中品级最低的。

必须杜绝交往，独居山林，戒除一切嗜好和欲望，才有神效。但我仍沉迷于酒色，害死了自己，不是服玉的缘故。"

总之，延年益寿的方法，重在清心寡欲，即使不服食玉石，也是可以的。现在有个法子：取一两个瓠瓜，去掉皮毛，把瓜瓤切成两寸大小的方块，蒸烂后，蘸着酱食用。不需要烧炼仙丹的功夫，只要戒除一切烦恼妄想，时间久了自然神清气爽。这比前面服食玉石的方法，还要略胜一筹。所以起名叫"法制蓝田玉"。

◎ 瓠子草鱼

将草鱼切成薄片，先略炒一下，再放入瓠子，加酱汁煨熟。

——清·袁枚《随园食单·杂素菜单》

◎ 瓠子汤

将一大块羊肉和五个草果一同下锅，加水煮熬成汤，煮沸后将汤过滤干净。再准备

叶 在古代被用来制作瓠羹，即一种用瓠叶和羊肉、葱等烹制而成的食品。北魏·贾思勰《齐民要术》中有瓠羹的做法："下油水中煮极热，体横切，厚二分。沸而下，与盐、豉、胡芹累篾之。"

瓠子 味苦，性寒，有毒。可治面目、四肢浮肿，呕吐，消水肿。利尿路结石。煎汁浸洗阴部，可疗小便不通。将汁滴入鼻中，出黄水，可去伤冷引起的鼻塞、黄疸、吐蛔虫。还可治毒疮、恶疮、疥癣和龋齿生虫。

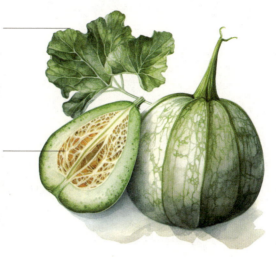

□ 瓠

即苦瓠，又称苦壶卢、苦匏。《本草纲目》说：瓠有甜瓠、苦瓠之分。苦瓠味苦，性寒，有毒。瓜瓤及籽可治面目、四肢浮肿及呕吐，消水肿。利尿路结石。吃太多苦瓠能致人中毒，呕吐不止，可以用黍穰灰汁来解。凡是食用苦瓠，要选那些纹理莹净、须细，没有凹凸黑点的，否则有毒。

瓠子六个，去掉皮、瓤，切成薄片；再将熟羊肉切成片，准备生姜汁半合；再用白面二两制成的面丝，放到肉汤中煮熟。另起锅，将瓠子、熟羊肉、生姜汁一同入炒锅翻炒，炒好后下入肉汤中，用葱、盐、醋调味，瓠子汤就算做好了。

——元·忽思慧《饮膳正要·卷一·聚珍异馔》

豆粥

原文 ‖ 汉光武[1]在芜蒌亭[2]时,得冯异[3]奉豆粥,至久且不忘报,况山居可无此乎?用沙瓶[4]烂煮赤豆[5],候粥少沸,投之同煮,既熟而食。东坡[6]诗曰:"岂如江头千顷雪色芦,茅檐出没晨烟孤。地碓[7]舂粳光似玉,沙瓶煮豆软如酥。我老此身无着处,卖书来问东家住。卧听鸡鸣粥熟时,蓬头曳履[8]君家去。"此豆粥之法也。若夫金谷[9]之会,徒咄嗟[10]以夸客,孰若山舍清谈徜徉[11],以候其熟也。

注释 ‖ [1]汉光武:指汉光武帝刘秀(公元前5年—57年),东汉开国皇帝。

[2]芜蒌亭:别名无蒌亭,东汉古迹,故址在今河北省衡水市饶阳县滹沱河滨。据《后汉书·冯异传》记载,东汉刘秀在蓟,听说王郎入邯郸称帝,与邓宇、冯异等人星夜疾驰南下。至饶阳芜蒌亭遇天寒风疾,饥寒交迫之际,冯异寻到一农家,讨来一碗豆粥奉上。次日刘秀说,昨晚吃了公孙的豆粥,饥寒全解。故此,豆粥在这一带又叫做"滹沱饭"。

[3]冯异(?—34年):字公孙,颍川父城(今河南宝丰)人。东汉开国名将,"云台二十八将"第七位。在刘秀称帝后,冯异被封为征西大将军、阳夏侯。

[4]沙瓶:沙罐。

[5]赤豆:红豆、红小豆。

[6]东坡:苏轼(1037—1101年),字子瞻,号东坡居士,眉州眉山(今四川眉山)人。北宋文学家、书法家、画家、美食家。

[7]地碓(duì):舂米谷用的工具。

[8]曳履:拖着鞋子。王勃《秋夜长》:"鸣环曳履出长廊,为君秋夜捣衣裳。"

[9]金谷:指金谷园,西晋富豪石崇的别墅,遗址在今洛阳老城东北七里处。石崇因与晋武帝的舅父王恺斗富,修建了金谷园,在这里过着极尽奢靡、挥霍无度的生活。洛阳旧有"八大景",其中"金谷春晴"指的就是这里的春景。

[10]咄嗟:呼吸之间,谓时间迅速。《晋书·石崇传》:"崇为客作豆粥,咄嗟便办。"

〔11〕徜徉：安闲自在的样子。

译文 ‖ 汉光武帝在芜蒌亭时，曾得到冯异奉上的一碗豆粥，很久之后都不忘报答，更何况山居怎么能没有它呢？用沙罐将赤豆煮烂，等到粥稍微有点沸腾时，将米放入同煮，煮熟后就可以食用了。苏东坡有诗说："岂如江头千顷雪色芦，茅檐出没晨烟孤。地碓舂粳光似玉，沙瓶煮豆软如酥。我老此身无着处，卖书来问东家住。卧听鸡鸣粥熟时，蓬头曳履君家去。"这就是豆粥的做法。石崇在金谷园会客，呼吸之间就能将豆粥奉上，只为向宾客炫耀，这哪比得上山居清谈，安闲自在，慢慢等待豆粥煮熟的惬意呢。

◎ 豆粥

粥是人们生活中不可缺少的食品。古往今来，凡美食家，无不在粥的做法上别有心得。袁枚认为："见水不见米，非粥也；见米不见水，非粥也。必使水米融洽，柔腻如一，而后谓之粥。"并认为粥中不宜加入荤腥，也不宜加入果品，"俱失粥之正味"。不得已时，可夏季加入绿豆，冬季加入黍米，"以五谷入五谷，尚属不妨"。在粥的吃

□ 赤豆

即赤小豆、红豆。《本草纲目》说：赤豆到处都有，在夏至后播种，秋季开花，半青半黄时收割。赤豆可同米粉一起做粽子、蒸糕和团子，亦可做馄饨馅儿。其主下水肿，排痈肿和脓血，消热毒，止腹泻，利小便，除胀满，散瘀血，健脾胃，坚筋骨。

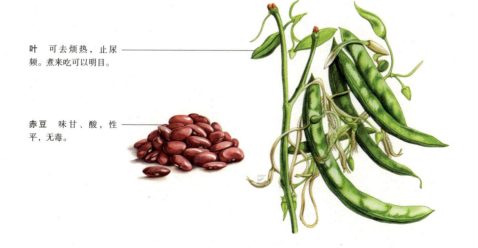

叶　可去烦热，止尿频。煮来吃可以明目。

赤豆　味甘、酸，性平，无毒。

法上，则"宁人等粥，毋粥等人"（以上均见《随园食单·粥》），这确实符合我们日常的生活经验。

　　豆粥，则是在粥中加入红小豆，这种吃法也有悠久的历史。红小豆坚硬，用其熬粥不易熟，须慢火久熬，才能酥软可口。故苏轼的词中提到富豪石崇在金谷园宴客，以豆粥须臾可上的典故。其中玄妙说来也简单，不过就是预先把红豆煮熟晾干，研成粉末，宴请宾客的时候只需把豆粉撒入白粥中即可。像石崇这样挥金如土、奢靡无度的大富豪，只顾借豆粥炫耀而不知其真味，而苏轼能够在漂泊之时依然能品味豆粥的美味，其豁达胸襟可见一斑。

——清·袁枚《随园食单·杂素菜单》

⊙ 文中诗赏读

豆 粥

〔北宋〕苏轼

君不见滹沱流澌车折轴，公孙仓皇奉豆粥。
湿薪破灶自燎衣，饥寒顿解刘文叔。
又不见金谷敲冰草木春，帐下烹煎皆美人。
萍齑豆粥不传法，咄嗟而办石季伦。
干戈未解身如寄，声色相缠心已醉。
身心颠倒自不知，更识人间有真味。
岂如江头千顷雪色芦，茅檐出没晨烟孤。
地碓春秔光似玉，沙瓶煮豆软如酥。
我老此身无着处，卖书来问东家住。
卧听鸡鸣粥熟时，蓬头曳履君家去。

蟠桃饭

原文 ‖ 采山桃,用米泔[1]煮熟,漉[2]置水中。去核,候饭涌,同煮顷之[3],如盦[4]饭法。东坡用石曼卿[5]海州事[6]诗云:"戏将桃核裹红泥,石间散掷如风雨。坐令空山作锦绣,绮天照海光无数。"此种桃法也。桃三李四[7],能依此法,越[8]三年,皆可饭矣。

注释 ‖ [1]米泔:淘米水。

[2]漉:液体慢慢渗下,过滤。

[3]顷之:片刻,一会儿。

[4]盦(ān):古代盛食物的器皿。

[5]石曼卿:石延年(992—1040年),字曼卿,一字安仁,南京应天府(今河南睢阳)人。北宋文学家,官至秘阁校理、太子中允,与欧阳修交谊甚笃。喜饮酒,善书法,尤工诗,著有《石曼卿诗集》行世。

[6]海州事:海州,今江苏省连云港市海州区,石曼卿曾任海州通判。宋·刘延世《孙公谈圃》记载:"石曼卿谪海州日,使人拾桃核数斛,人迹不到处,以弹弓种之。不数年,桃花遍山谷中。"海州事当指此。

[7]桃三李四:谚语,谓栽桃树三年结实,栽李树四年结实。

[8]越:过。

译文 ‖ 采摘山桃,用淘米水煮熟,滤干水,放入清水中。去掉山桃的核,等到米饭开始沸腾时,将山桃放入同煮一会儿,就像焖饭的那种做法。苏东坡曾就石曼卿在海州种桃一事写诗:"戏将桃核裹红泥,石间散掷如风雨。坐令空山作锦绣,绮天照海光无数。"这里说的就是种桃的方法。谚语说,"桃三李四"。如果按照这个法子种桃,过三年,就可以做蟠桃饭了。

叶 味苦，性平，无毒。去疮毒，治小儿寒热和受惊吓引起的面青、喘息、腹痛等症。

茎 味苦，性平，无毒。除腹痛，祛胃中热，治心腹痛，杀各种疮毒。

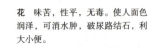

花 味苦，性平，无毒。使人面色润泽，可消水肿，破尿路结石，利大小便。

桃胶 桃茂盛时，用刀割树皮，片刻即有胶溢出。采收后用桑灰浸泡，晒干后用。味苦，性平，无毒。炼制后服，保中不饥，忍风寒，下尿道结石，活血益气。

核 味苦、甘，性平，无毒。主瘵血血闭、腹内积块，杀小虫，止咳，消心下坚硬。通便，破瘀血。

实 味辛、酸、甘，性热，微毒，多食令人发热膨胀，发丹石毒，以及长痈疖，有损无益，故桃被列入五果中的下品。做果脯吃，易于养颜。它是肺之果，适宜得肺病的人吃。

☐ 桃

《本草纲目》说：桃易种植，且种类繁多。花有红、紫、白等颜色，有千叶、单瓣的区别。按果实颜色分，有红桃、碧桃、绯桃、缃桃、白桃、乌桃、金桃、银桃、胭脂桃等种类。按形状分，有绵桃、油桃、御桃、方桃、匾桃、偏核桃、脱核桃、毛桃、李光桃、半斤桃等种类。按时令分，有五月早桃、十月冬桃、秋桃、霜桃。

⊙ 文中诗赏读

和蔡景繁海州石室芙蓉仙人旧游
〔北宋〕苏轼

芙蓉仙人[1]旧游处，苍藤翠壁初无路。
戏将桃核裹黄泥，石间散掷如风雨。[2]
坐令空山出锦绣，倚天照海花无数。
花间石室[3]可容车，流苏宝盖窥灵宇。
何年霹雳起神物，玉棺飞出王乔[4]墓。
当时醉卧动千日，至今石缝余糟醑。
仙人一去五十年，花老室空谁作主。
手植数松今偃盖，苍鳞白甲低琼户。
我来取酒酹先生，后车仍载胡琴女[5]。
一声冰铁散岩谷，海为澜翻松为舞。
尔来心赏复何人，持节中郎醉无伍。
独临断岸呼日出，红波碧巘相吞吐。
径寻我语觅余声，拄杖彭铿叩铜鼓。
长篇小字远相寄，一唱三叹神凄楚。
江风海雨入牙颊，似听石室胡琴语。
我今老病不出门，海山岩洞知何许。
门外桃花自开落，床头酒瓮生尘土。
前年开阁放柳枝，今年洗心归佛祖。
梦中旧事时一笑，坐觉俯仰成今古。
愿君不用刻此诗，东海桑田真旦暮。

注释 〔1〕芙蓉仙人：指石曼卿。欧阳修《六一诗话》载："曼卿卒后，其故人有见之者云：恍惚如梦中，言我今为仙也，所主芙蓉城。"
〔2〕据欧阳修《六一诗话》载，石曼卿任海州通判，因山岭高峻，路不通，使人以泥裹桃核为弹，抛掷于山岭之上。一二年间，花开满山，烂如锦绣。

山家清供

□ 《西厢记》插图之《西湖邂逅》 明

此图表现了古代大户人家出游的场景。图中小厮挑着扁担，一端是一件大型提盒，提盒分九层，绳子穿过提梁上的环形构件，另一端则挑着放在炉子上的一坛酒。

□ 米泔

《本草纲目》说：米泔味甘，性凉，无毒。可以益气，止烦渴霍乱，解毒。吃鸭肉不消化者，立即饮一杯，即可消除病症。除此之外，米泔还被用来清洗碗筷、浇灌花草，均有良效。

〔3〕石室：此处即指石棚山巅。石棚山在连云港西南，西距古海州城约一公里，是古朐山的一个小山头，因山巅有一巨石覆压如棚得名。

〔4〕王乔：传说中的仙人王子乔。传说汉明帝时期王乔为叶县令，有玉棺降于堂前，乃沐浴服饰卧棺中，葬于城东，土自成坟。

〔5〕胡琴女：典出苏轼《答蔡景繁诗帖》："朐山临海石室，信如所谕。前某尝携家一游，时有胡琴婢，就室中作濩索凉州，凛然有冰车铁马之声。婢去久矣，因公复起一念，若果游此，必有新篇，当破戒奉和之。"

寒具[1]

原文 ‖ 晋桓玄[2]喜陈书画，客有食寒具不濯手[3]而执书帙[4]者，偶[5]污之。后不设。寒具，此必用油蜜者。《要术》[6]并《食经》[7]者，只曰"环饼"，世疑"馓子"也[8]，或巧夕[9]酥蜜食也。杜甫十月一日乃有"粔籹[10]作人情"之句，《广记》[11]则载于寒食[12]事中。三者俱可疑。及考朱氏[13]注《楚辞》"粔籹蜜饵，有帐锽[14]些"，谓"以米面煎熬作之，寒具也"。以是知《楚辞》一句，自是三品：粔籹乃蜜面之干者，十月开炉，饼也；蜜饵乃蜜面少润者，七夕蜜食也；帐锽乃寒食寒具，无可疑者。闽人会姻名煎䭔，以糯粉和面，油煎，沃以糖。食之不濯手，则能污物，且可留月余，宜禁烟用也。吾翁和靖先生[15]《山中寒食》诗云："方塘波静杜蘅青，布谷提壶已足听。有客初尝寒具罢，据梧憪复散幽经。"吾翁读天下书，和靖先生且服其和《琉璃堂图》[16]事。信乎，此为寒食具矣。

注释 ‖ [1]寒具：一种油炸食品。《本草纲目》说：寒具又名捻头、环饼、馓，寒食禁烟时当干粮用，所以名寒具。以糯米粉和面，麻油煎成，蘸糖食用。据此看，寒具当是今天的馓子，具体做法是用糯米粉和面，加少许盐，搓揉后捻成环形，用油煎吃，所以又名环饼。

[2]桓玄（369—404年）：字敬道，一名灵宝，谯国龙亢县（今安徽省怀远县龙亢镇）人。大司马桓温之子，曾任东晋权臣，位至相国、大将军，晋封楚王。著有《桓玄集》二十卷行世。

[3]濯（zhuó）手：洗手。

[4]书帙（zhì）：书的外套，泛指书籍。

[5]偶：无意中。

[6]《要术》：指贾思勰的《齐民要术》。《齐民要术》是作于北朝北魏时期、南朝宋至梁时期的一部综合性农书。这是中国现存最早的一部完整的农书，也是世界农学史上最早的专著之一。

[7]《食经》：《旧唐书》载："《食经》九卷，崔浩撰。"崔浩，字伯渊，清河东武城（今山东武城西）人，北魏官员。

[8]世疑"馓子"也："寒食"究竟为何物，自唐以来多有争论，但有一

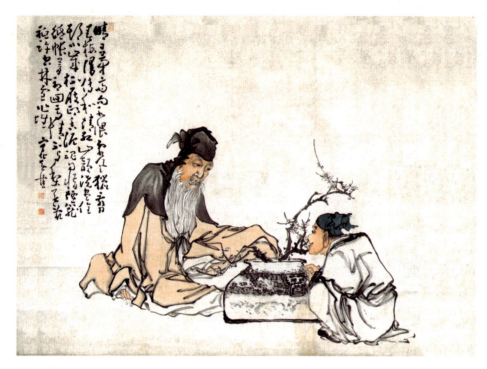

□ 《和靖爱梅图》 清　黄慎

此图描绘了和靖先生林逋席地而坐，侍弄梅花的场景。一旁的童仆乖巧灵动，给画面增添了几分生动的世俗情感。

个共识：寒具是一种面食。馓子，又称食馓、捻具等，是一种油炸食品。北方馓子以麦面为主，南方馓子以米面为主。用油水面搓条炸制而成，呈环栅状。

〔9〕巧夕：七夕，农历七月初七，又称乞巧节、七巧节。古代妇女于是夜穿针向织女乞巧，故称。

〔10〕粔籹（jù nǚ）：多认为即今之馓子，"搓面成细条，组之成束，扭作环形，以油炸之"（《辞源》"粔籹"条）。而本文作者认为寒具不是馓子。

〔11〕《广记》：《太平广记》，由宋代李昉、扈蒙等十四人奉宋太宗之命，编纂的一部大型类书。因成书于宋太平兴国年间，故称《太平广记》。全书五百卷，目录十卷，以汉代至宋初的纪实故事为主。

〔12〕寒食：寒食节，中国传统节日，农历冬至后一百零五日，清明节前一二日。是日，禁烟火，只吃冷食，相传为纪念春秋贤臣介子推而设，已

□ 寒具

《本草纲目》说：寒具在冬春季节可储存几个月，到寒食节禁烟时当干粮吃，所以名寒具。又叫环饼，是因为其形状像耳环、镯子之意；馓，则是这种食品容易消散。寒具味甘、咸，性温，无毒。利大小便，能润肠，温中补气。

□ 饧

饧，也就是饴糖。《本草纲目》说：饴饧是用麦蘖或谷芽同各种米熬煎而成的。古人在寒食节大都吃饧。饧味甘，性大温，无毒。能补虚，止渴去血，益气力，止肠鸣咽痛。还可消痰，润肺止嗽，健脾胃。腹胀、呕吐、便秘、龋齿、眼红者忌用，小儿消化不良也不宜食用，因为饴糖生痰动火最厉害。

有两千多年的历史。介子推乃春秋时期晋国人，晋国公子重耳流亡他国十九年，介子推始终追随左右。后重耳即位，为晋文公，介子推即携母归隐，晋文公为迫使其出山竟下令放火烧山，介子推依然态度坚决，最终被火烧死。

〔13〕朱氏：指朱熹。朱熹曾为《楚辞》作注，即《楚辞集注》。

〔14〕粻餭（zhāng huáng）：饴糖之类。朱熹《楚辞集注》：粻餭，饧也。

〔15〕和靖先生：林逋（967—1024年），字君复，因谥号"和靖"，故称"和靖先生"，北宋著名隐逸诗人。其隐居杭州西湖孤山，终生不仕不娶，唯喜植梅养鹤，自谓"以梅为妻，以鹤为子"。本文作者林洪自证是林逋的七世孙，故称"吾翁"。施鸿保《闽杂记》载，清嘉庆二十五年，林则徐任浙江杭嘉湖道，亲自主持重修杭州孤山林逋墓，发现一块碑记，记载林逋确有后裔。施鸿保分析，林逋并非不娶，而是丧偶后不再续娶，自别家人，便隐居山林。

〔16〕《琉璃堂图》：当指五代南唐周文矩创作的《琉璃堂人物图》，描绘唐朝诗人王昌龄任职于江宁时，与其师友在琉璃堂聚会的场面。文中提到的"《琉璃堂图》"事系指何事，不可考。

译文 ‖ 东晋的桓玄喜欢陈设书画以供欣赏，有一位客人吃了寒具后没有洗手就去拿书，不小心弄脏了。以后桓玄便不再摆设寒具了。寒具这种食品，肯定是用油加蜂蜜做成的。在《齐民要术》和《食经》里，只称其为"环饼"，世人怀疑就是"馓子"，或者就是乞巧节吃的酥蜜食品。杜甫在十月一日时，写有"粔籹作人情"的诗句，《太平广记》则将粔籹记载于寒食节用的食品中。这三种说法都很可疑。考证朱熹的《楚辞集注》，其中有"粔籹蜜饵，有粻餭些"的句子，并解释为"用米面煎炸制成，就是寒具"。由此可知，《楚辞》里的这句话，实际上包含了三种食品：粔籹，由蜜面制成，但是烤干的，十月开炉，是一种饼；蜜饵，由油蜜面制成，但不是干的,是一种七夕节吃的蜜食;饴馈才是寒食节食用的寒具,这没有什么可怀疑的。福建人把会姻称作"煎䭔",用糯米粉和面,油炸,再撒上糖吃。吃后如不洗手,则容易弄脏物品。而且这种食品能保存一个多月,宜在不能开火的寒食节食用。我的祖上林和靖先生在《山中寒食》中写道:"方塘波静杜蘅青,布谷提壶已足听。有客初尝寒具罢,据梧慵复散幽经。"先祖读遍天下书,和靖先生都叹服其和《琉璃堂图》的事。这确实就是寒食用的东西了。

⊙ 文中诗赏读

山中寒食

〔北宋〕林逋

方塘波绿杜蘅青,布谷提壶已足听。
有客初尝寒具罢,据梧慵复散幽经。

◎古代食盒

食盒大多时候用来盛放食物，除此之外，食盒里也会放其他的东西，如宋代文人会将笔墨纸砚、梳子等放入盒内，称之为"游山器"，以便外出时写诗作画、整理仪容。古代食盒有多种规格，其用途也有一定区别。

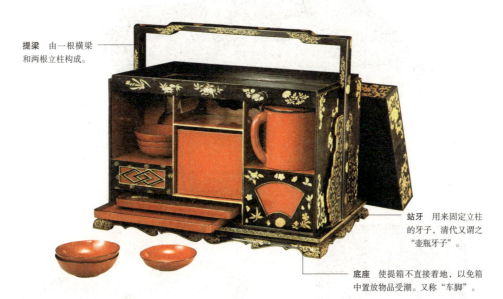

提梁 由一根横梁和两根立柱构成。

站牙 用来固定立柱的牙子，清代又谓之"壶瓶牙子"。

底座 使提箱不直接着地，以免箱中置放物品受潮。又称"车脚"。

黑漆描金缠枝纹提匣　清

紫檀描金食盒　清

剔红花鸟纹两撞提盒　明

朱漆描金食盒　清

□ 提盒、食垒

食盒中体量较大的一类盛食器，有提梁，多为层式结构，由数格屉盘层叠组成，便于分隔盛放不同的食品。宋代时已是普遍使用的食器，文人将自己的审美旨趣融入其中，并参与设计。到了明代，普遍所见的长方形形制基本被固定下来，且开始向精致化和典雅化发展。相较于文人士大夫阶级对精美雅致的追求，百姓更在意食器对生活实际需求的满足，因此材质上以竹、木、藤为常见，主题上多选取福禄寿喜、百事如意、多子富贵等寓意吉祥的纹样、图案。

槅之格 称为"子",有几格,就称为几子槅。槅子之数,单双均有,但一般为单数。目前出土的槅最多的是十七子。

花座 足壁下部切割出的造型,初期是平底,稍后期变为方圈足。

褐釉陶多子盒　西晋

鱼兽鸟纹七子漆槅　西晋

青瓷槅　汉

□ 槃、槅

槃又称"食垒""累子",出现于春秋时期,至明代鲜有记载。一般内设多层多格,扁而浅,可以分别盛放不同的饭食菜蔬。槅多呈长方形,中分一大格八小格或六小格。槃与槅虽名称、外形、子格数量均有变化,但其作为食器的本质特征一致。

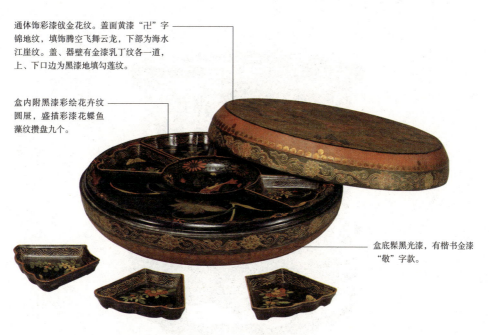

通体饰彩漆戗金花纹。盖面黄漆"卍"字锦地纹，填饰腾空飞舞云龙，下部为海水江崖纹。盖、器壁有金漆乳丁纹各一道，上、下口边为黑漆地填勾莲纹。

盒内附黑漆彩绘花卉纹圆屉，盛描彩漆花蝶鱼藻纹攒盘九个。

盒底髹黑光漆，有楷书金漆"敬"字款。

填漆戗金云龙纹鼓式攒盒　清

黑漆描金"卍"字寿字形盒　清　　御制铜胎透明珐琅福禄万代攒盒　清　　红漆描金福寿纹桃式盒　清

□ 攒盒、攒盘

由多个盒子和盘子组合而成的食器，主要作款客之用。古时"攒"与"全"同音，取"十全十美"之义。攒盘出现于明朝万历晚期，且从官场到民间迅速风靡。到了清朝，攒盘的发展走向鼎盛，尤见于官廷用具。晚清到民国，攒盘已不再为官廷专享，亦在民间广泛流传，风格上从华丽精美转变为质朴清新，材质上逐渐向轻便、隔热的陶瓷以及木胎、纸胎漆器回归。

山家清供

盒套 增强套盒稳固性，不易泼洒，便于携带。表面以螺钿、珊瑚、孔雀石等镶嵌组合，彰显出主人的审美情趣和尊贵地位。

盒身 呈双层海棠式，可盛放更多种类的食品。通体髹黑漆为地，以百宝嵌饰各种图案。

盒托 避免盒子直接接触桌面或地面，起到保温、防潮的作用。

百宝嵌山水图海棠式套盒　清

竹编朱漆圆捧盒　清

剔彩宝相花圆盒　明

清花百子图捧盒　清

□ 捧盒

盛装食物捧在手中呈送的食盒，具有一定礼仪性，盛行于清代。小巧精致，基本为单层，主要起到隔热、保温和防尘的作用。材质上以轻便、隔热的瓷、漆、木等为主。造型上以扁圆形、方形、钟形、六角形、八角形、荷叶形、桃形、牡丹形等美观而又便于捧持的造型为主。捧盒多在宫廷或富贵之家使用，材质和工艺往往更为考究。如一些漆器捧盒，除了盒身雕刻，还常镶嵌螺钿、金银片等在漆面上作为主纹的衬景，使捧盒在使用之余更加美观。

□ **乞巧节**

乞巧节是汉族重要的传统节日，又称"七夕节"。起源于汉代，每年七夕（农历七月初七）这天，女子们对月穿针，向织女乞求有一双巧手，如果线从针孔穿过，就叫得巧。除此之外，古人还会做些富有寓意的小物品、制作时令食品赛巧，各个地区的乞巧方式不尽相同，各有趣味。宋元之际，乞巧节活动相当盛大，京城还设有专卖乞巧物品的"乞巧市"。图为清·陈枚《月曼清游图》之七月《桐荫乞巧》，描绘了京中仕女"乞巧"的场面——七夕之夜，仕女们以碗盛水置于庭院，然后将一束针散放其中，人们争相观看在水中呈列的图案，据说图案越好看，放针者的手越灵巧。

黄金鸡

原文 ‖ 李白诗云[1]:"堂上十分绿醑酒[2],盘中一味黄金鸡。"其法:燖[3]鸡净,用麻油、盐、水煮,入葱、椒。候熟,擘[4]钉,以元汁[5]别供。或荐[6]以酒,则"白酒初熟、黄鸡正肥"之乐得矣。有如新法川炒等制,非山家不屑为,恐非真味也。每思茅容[7]以鸡奉母,而以蔬奉客,贤矣哉!《本草》云:"鸡,小毒,补,治满[8]。"

□ 酒

用谷类或果类发酵制成的饮料。《本草纲目》说:酒字的篆文写法,取象酒在卣(盛酒的容器)中之形。酒之清者为酿,浊者为盎,厚为醇,薄为醨(薄酒),重酿为酎(醇酒),一宿为醴(甜酒),美为醑。酒,有黍、秫、粳、糯、粟、曲、蜜、葡萄等品色。少量饮用可和血行气,壮神御寒,消愁遣兴,叙情合欢。痛饮就会伤神耗血,损胃亡津,生痰助火。

注释 ‖〔1〕李白诗云:查李白诗集并无此诗。宋代马存《邀月亭》有此两句,此处可能系作者误记。马存(?—1096年),字子才。以诗文名世,有文集二十卷,已佚。

〔2〕绿醑(xǔ)酒:颜色偏绿的美酒。《本草纲目》说:"(酒)美为醑。"

〔3〕燖(xún):开水烫后去毛。

〔4〕擘(bò):裂开,切开。

〔5〕元汁:原汁。

〔6〕荐:进献,祭献。

〔7〕茅容:字季伟,陈留郡(今河南开封)人,东汉名士。《后汉书·卷六十八》载,茅容家中曾留宿客人,第二天早上茅容杀鸡做菜,客人以为是为自己而做,没想到鸡熟后却端给了母亲,自己与客人同食蔬菜。

〔8〕满:中医病名,多指郁闷不畅等症状。

译文 ‖ 李白有诗写道:"堂上十分绿醑酒,盘中一味黄金鸡。"黄金鸡的做法:将鸡用开水烫后去毛,加麻油、盐,水煮,再放入葱、花椒。等鸡熟后,将鸡斩成肉丁,煮鸡的原汤留着另作他用。或者进上美酒,则可以享受"白酒初熟、黄鸡正肥"的乐趣了。像川菜等新的做法,不是山家不屑去做,而是怕失去了鸡的原味。每想起茅容用鸡奉养母亲,用蔬菜招待客人,就感叹他真是个贤德的人啊!《本草》说:鸡,有小毒,有补益作用,能治满。

◎ 烹鸡另法

家鸡的驯化已有几千年之久,鸡肉、鸡蛋是餐桌上的常见菜肴,吃法可谓多种多样,无论是文中介绍的加少许佐料炖熟以保持原味的做法,还是山家不去做的川菜,都各有千秋。这里介绍几种做法:

赤炖肉鸡

将鸡洗净切块。一斤鸡肉加十二两好酒,两钱盐,四钱冰糖,适量桂皮。放到砂锅中,用文火慢慢煨熟。倘若酒干了但鸡肉尚未烂,可以酌加清开水一茶杯。

生炮鸡

将小鸡斩成小方块,用酱油、酒拌匀。吃的时候把鸡块放进滚油内炸一下起锅,再连续复炸三次,盛起后,将醋、酒、芡粉、葱花浇在上面。

炒鸡

把鸡脯切成小丁,放入滚油锅中爆炒。加酱油、酒起锅;加荸荠丁、笋丁、香菇丁作为配菜,汤汁以黑色为佳。

——清·袁枚《随园食单·杂素菜单》

炉焙鸡

将一只鸡用水煮到八分熟,剁成小块。在锅内放少许油,油热后,放入鸡块翻炒几下,用盘子或碗盖住。鸡块烧热后,放入与鸡块等量的醋、酒,加少许盐,翻炒均匀。等汤汁收干,再加醋、酒、盐,重复上述步骤,如此反复,直到鸡肉酥软,即可取出食用。

——元·浦江吴氏《中馈录·脯鲊》

芙蓉鸡

十只鸡,去毛洗净后煮熟,剔除头、爪、骨,切成细长条;羊肚、羊肺各一个,也是洗净、煮熟、切细备用;生姜四两,切成丝;胡萝卜十个,切成片;鸡蛋二十个,搅打后煎成蛋饼,刻成花的形状;适量的菠菜、芫荽切成细末;胭脂、栀子适量,加水浸泡出汁液;杏泥一斤。以上食材准备好后,将羊肚、羊肺分别用胭脂、栀子制成的汁液,染成红色和黄色,放入炒锅内,加胡萝卜片、姜片一同煸炒。待生料快要熟的时候加入一斤杏泥,再加上好的肉汤一起炒熟,最后撒上菠菜、芫荽、葱末,用适量的盐、醋调味。出锅后浇在鸡肉上,摆上蛋饼刻成的花,芙蓉鸡就算做好了。

——元·忽思慧《饮膳正要·卷一·聚珍异馔》

□ "烫鸡图"壁画砖　魏晋

中国人食用鸡肉的历史十分悠久。这幅"烫鸡图"壁画砖生动地绘制了二婢相对跪坐,袖子高高挽起,聚精会神地在各自的盆内烫鸡去毛的场景。我们从中可以看到,六百多年前的人们杀鸡烫毛的方式与现代人几无二致。

⊙ 文中诗赏读

邀月亭

〔北宋〕马存

亭上十分绿醑酒,盘中一箸黄金鸡。
沧溟东角邀姮娥,水轮碾上青琉璃。
天风洒扫浮云没,千岩万壑琼瑶窟。
桂花飞影入盏来,倾下胸中照清骨。
玉兔捣药与谁餐,且与豪客留朱颜。
　　朱颜如可留,恩重如丘山。
为君杀却虾蟆精,腰间老剑光芒寒。
　　举酒劝明月,听我歌声发。
照见古人多少愁,更与今人照离别。
我曹自是高阳徒,肯学群儿叹圆缺。

葱花 可治心脾疼痛,用法为同吴茱萸一起煎水服下。

葱实 味辛,性大温,无毒。可使眼睛明亮,补中气不足,养肺,养发。

葱须 主通气,可治饮食过饱。

□ 葱

葱是烹饪中的一种常见食材,可以调和很多美味,因此又称"和事草"。《本草纲目》说:葱白味辛,性平,无毒。服用地黄、常山的人忌吃葱。葱白煮汤,可治伤寒发烧,消除中风后面部和眼睛浮肿。葱叶煨烂研碎,敷在外伤化脓的部位,或者加盐研成细末,敷在被毒蛇、毒虫咬伤的部位,有除毒作用。还可以治疗下肢水肿,滋养五脏,益精明目。葱汁味辛,性温,无毒。喝葱汁可治便血。

叶 相对而生,尖儿有刺。

实 四月开小花,五月结子,未熟时呈青色,熟后变红色。

□ 花椒

又称大椒、秦椒。《本草纲目》说:秦椒即花椒。川椒出产于成都,赤红色的最好。秦椒产于陕西天水,子粒小的最好。花椒味辛,性温,有毒。花椒治风、邪气,温中,可祛寒气引起的肢体酸痛,坚齿发,明目,经常服用可轻身,使肤色红润。也可治疗咽喉肿痛、风湿病、月经不调、慢性腹泻等。

山家清供

鸡冠血 味咸，性平，无毒。乌鸡的鸡冠血，可治疗乳汁不通，又可治眼睛见风流泪以及流行性红眼。红鸡的鸡冠风，可治白癜风，祛除经络间风热，涂面颊可以治口眼㖞斜。内服，可用于勒颈欲绝、小儿急惊风，解蜈蚣、蜘蛛毒。

脑 可治小儿惊痫。烧成灰后用酒送服，治妇人难产。

嗉 可治小便失禁以及噎食不消。

肝 味甘、苦，性温，微毒。可补肾壮阳，治心腹疼痛，安胎。还可治肝虚、视物昏花。一般是炒来吃，以酒、醋爆炒，以嫩为好。

肪 味甘，性寒，无毒。可治耳聋、脱发。

胆 味苦，性微寒，无毒。可明目，生肌敛疮。

鸡血 味咸，性平，无毒。治疗骨折及肢体痿弱无力、腹痛、乳汁不下。服用热鸡血，可治小儿便血及惊风，解丹毒及虫毒，安神定志。取公鸡翅下血来涂搽，可以治白癜风、汗斑。新鲜鸡血，加盐后即凝固。制作鸡血羹，可将鸡血切成条，以鸡汤为汤底，加上芡粉、酱、醋，不断加热搅动，最后加入鸡血。煮沸后，继续搅动五分钟即可食用。适合老人、贫血患者、妇女等食用。

尾毛 可治解蜀椒毒，治小儿痘疮后化脓。

肋骨 可治小儿多食易饥，形体消瘦。

肠 可治遗尿、小便失禁以及遗精。

鸡蛋 含有丰富的蛋白质、卵磷脂、维生素等人体所需的各种营养物质，烹饪方法丰富而又简单。如蒸、炒、煎、煮都可以炮制成美味佳肴，是一种常见的家常食材。

蛋清 味甘，性微寒，无毒。生吃可以治疗眼睛红肿、疼痛，除胸中郁热，止咳喘，治疗难产，小儿下泻。用醋浸泡一夜吃，可治黄疸，祛烦热。将一枚鸡蛋的蛋清，加一半醋搅匀后服用，可以治产后闭结。与赤小豆末调和，涂抹治热毒、丹毒肿、肋痛。冬月新生的蛋，将蛋清取出来用酒浸泡，密封七日后取出来，每夜涂脸，可以去除脸上的黑块和疮疖，有美容作用。

蛋黄 味甘，性温，无毒。用醋煮后，治疗妇人产后身体虚弱下痢，小儿气虚发热。和常山末制成丸，用竹叶汤送服，可以治疗久疟。煎来吃，可以祛烦热，炼烧后可以治呕逆。炒后取油，和粉，可以敷头疮。突然干呕，生吞数枚蛋黄，效果很好。小便不通者，也可以生吞，几次就可见成效。

□ 鸡

《本草纲目》说：鸡的种类很多，各地所产的鸡，大小形色常常都不相同。鸡肉大多味甘，性微温，无毒，对身体有补益作用。

◎ 天然调味料

天然调味料是指一些具有芳香性质的植物原料。早在有文字记载以前，人类就开始使用天然香料来烹饪食物和焚香。《诗经》中就涉及了近六十种芳香植物的生长情况。战国以后，在《周礼》《礼记》《离骚》等文献中，已经可见用香料烹饪的记载。早期香料品种较少，主要是生姜、肉桂、甘草、花椒等。秦汉以后丝绸之路的开辟，大大丰富了香料的品种，如胡椒、肉蔻、芫荽、孜然、马芹子、茴香籽、薄荷等。今天，这些香料早已成为人们家常烹饪的食材或调味品。

品名	概述	品状
葱	相传神农尝百草找出葱后，便将其作为日常膳食的调味品。同时多与姜切碎入锅炒，或将其切成葱花撒在面或汤上，既可提味，又可装饰。	
姜	生姜用于烹饪，可以去腥膻，增加食品的鲜味。《周礼》《礼记》中已有生姜入食的记载。左思《蜀都赋》记载，蜀地产辛姜，其所制作的菜肴以麻辣、辛香为特色。	
蒜	作为蔬菜，与葱、韭并重，作为调料，与盐、豉齐名，其蒜薹、幼株、鳞茎等皆可作调味用。历代都有关于食蒜的记载。浦江吴氏《中馈录·制蔬》中就介绍了蒜瓜、蒜苗干、做蒜苗方和蒜冬瓜四种食蒜法。	
胡椒	早在唐代，印度和缅甸的胡椒就随商人进入中原，并被广泛接受。一般用于烹制内脏、海味类菜肴或用于汤羹的调味，具有去腥提味的作用。	
八角	主要用于煮、炸、卤、酱及烧等烹调加工，常在制作牛肉、兔肉的菜肴时使用，可去除异味，增添芳香气味，并可调剂口味，增进食欲。	
牡桂	在烹饪中主要用于增香，多用于调制卤汤、腌渍食品及制作肉菜。亦可将桂粉与砂糖混合，做炸面团的增香料。肉桂粉为"五香粉"的原料之一。	
花椒	川菜使用最多的调料之一，常用于配制肉汤、腌渍食品或炖制肉类，有去腥增味的作用，辣椒于明代传入中国，此前，花椒是中国人重要的辣味来源之一（除此之外还有茱萸、芥辣、生姜等），亦为制作"五香粉"的原料之一。	
橘皮	烹制菜肴时，橘皮的苦味与其他味道相互调和，可形成独具一格的风味。	
青梅	酸味能够给人清爽的口感，可解油腻、促消化，还能去除肉类的腥膻味。醋是如今人们获取酸味的主要来源，而醋出现较晚，在汉代才被大规模推广。在这之前，人们主要从梅子，尤其是尚未成熟的青梅中获取酸味。梅者媒也，取媒介众味之义。故有"若作和羹，尔唯盐梅（盐味和梅味，都是调味所需）"之说。	
茴香	茎叶部分有香气，常被用来做包子、饺子等食品的馅料。能去除肉中的臭气，使之重新添香，故曰"茴香"。为烧鱼炖肉、制作卤制食品时的必用之品。	
孜然	有除腥膻、增香味的作用，是烧烤食品必用的上等佐料。	
薄荷	既可调味，又可作香料，还可配酒、冲茶等。在一些糕点、糖果、酒类中加入微量的薄荷香精，即刻有明显的芳香宜人的清凉气味产生，能够促进消化、增进食欲。	
茶	茶叶除饮用外，亦可作为烹饪的辅料。据记载，唐代时已经在茶中加入葱、姜、橘皮等物煮作茗饮或羹饮，形同煮菜饮汤，用来解渴或佐餐。	

◎ 加工调味料

加工调味料是指油、盐、酱、醋、糖等人工制作的烹饪佐料。中国人自古就崇尚"五味调和","和"是中国传统哲学思想的精髓，也是烹饪中追求的最高境界。为了获得更加丰富的味觉体验，人们在烹饪中发明了多种烹饪佐料来为食物增香增色。《湖海新闻夷坚续志》曰："早晨起来七般事，油盐酱豉姜椒茶。"又有《清异录·青灰蔗》曰："酱，八珍主人也；醋，食总管也。反是为，恶酱为厨司大耗，恶醋为厨司小耗。"可见，加工调味料已成为古人饮食的重要组成部分，古人对加工调味料的使用已十分讲究。

品名	概述	品状
盐	食盐是人类日常饮食的必需品，主要成分是氯化钠，可维持细胞外液的渗透压，参与体内酸碱平衡的调节，促进形成胃酸，对维持生命健康至为重要。所以，五味之中"咸"为首。食盐的渗透力强，适合腌制食物，又有提味的作用。	
油	食用油可分为植物油和动物油两类，植物油有芝麻油、菜籽油、豆油、大麻油、红花子油、蓝花子油、蔓菁子油、杏仁油等，动物油有鱼油、猪油、酥油等。食用油不仅能增加菜肴的色泽、香味，而且由于沸点较高，加热后很快就能达到高温，从而可缩短食物断生的时间，减少食材中营养成分的流失。	
酱	宋代的酱料，包括酱、豉和酱油等，皆广泛应用于烹饪和腌制。酱料主要是以一些肉类或谷物为原料，通过自然界里的微生物进行蛋白质、淀粉分解而制成的一类调味料。在宋代以前，古人就会用酱和豉调制食肴，直到北宋时，"酱"才明确地指酱油。	
醋	醋又称为醯、苦酒等。唐代以前，中国酿造醋的技术就已相当成熟，到了唐代又有了进一步发展，产品有米醋、麦醋、暴米醋、暴麦醋等。食醋的原料主要为粮食辅料，产品有麦黄醋、糟醋、麸醋等，宋人也将水果投入醋中，制成具有水果风味的果醋，如《事林广记》中记载的梅子醋。醋有杀菌、去腥的作用，也是凉拌菜非常重要的佐料之一。	
糖	宋代食糖主要分为饧糖、蜜糖和蔗糖三种。糖是人体所必需的营养物质，经人体吸收后能马上转化为碳水化合物，为人体提供能量。红烧及卤制菜肴时加入适量糖，可增添菜肴的风味与色泽。	
酒	商代已出现酿酒技术，并且将酒用作调味品。有时候发酵过程中出现失误，酒会出现一股酸味，人们发现这种酸了的酒用来调味很合适，因此称作"苦酒"，这也是醋的前身。在烹制荤菜特别是羊肉、鲜鱼时加入少许，不仅可以去腥膻，还能增加鲜香风味，一般作调味料的酒为黄酒。	

槐叶淘

原文 ‖ 杜甫诗云:"青青高槐叶,采掇[1]付中厨。新面来近市,汁滓[2]宛相俱。入鼎[3]资过熟,加餐愁欲无。"即此见其法:于夏,采槐叶之高秀者。汤少瀹[4],研细滤清,和面作淘[5],乃以醯[6]、酱为熟齑。簇[7]细茵,以盘行之,取其碧鲜可爱也。末句云:"君王纳凉晚,此味亦时须。"不唯见诗人一食未尝忘君,且知贵为君王,亦珍此山林之味。旨[8]哉!诗乎!

注释 ‖〔1〕采掇(duō):采摘。

〔2〕汁滓:汁液与渣滓。

〔3〕鼎:本指青铜炊器,这里泛指炊具。

〔4〕瀹(yuè):浸泡。

〔5〕淘:指冷淘,过水面及凉面一类食品。其始于唐代的"槐叶冷淘",制法大致为:采青槐嫩叶捣汁,和入面粉,做成细面条,煮熟后放入冰水中浸漂,其色鲜碧,然后捞起,以熟油浇拌,放入井中或冰窖中冷藏。食

□ 《夏槐八景册》之《槐市横经》 清 戴衢亨

槐树高大蓊郁,浓荫之下阴气旺盛,再加上阴阳之说认定槐为北方、冬季之树,在药物学上它确具凉降之性,便产生了"槐树为阴"的观念。图为清代大学士戴衢亨《夏槐八景册》之《槐市横经》,画面笔墨干净,设色淡雅,所绘夏槐绿荫如盖,清凉之意扑面而来。画面左上角还有嘉庆帝楷书御题诗:"昼长密荫合虚庭,弦诵研思习六经。窗下功深勤学植,绿阴已遍第三厅。"

□ 食槐风俗 《石门二十四景》之《槐荫莫蝉图》 近现代 齐白石

槐树因其树龄悠久而令中国古人产生敬畏之情。汉代以来,修仙思想逐渐产生,基于槐树"不死"的特征和"阴树"的身份,使得其果实成为一味仙方灵丹中的重要成分。除了能入仙方,槐叶也可偶供食用,古人最早食槐是不得已而为之。由于城中少食,无以为计,才煮食槐、楮、桑等叶。魏晋以后,食槐逐渐形成了一种风俗,而槐叶冷淘更是成为文人标榜风雅和恶甘厌肥的调剂食品。除了文中提到的杜甫食槐,苏轼兄弟也在诗作中以"冰盘""冰上齿"来形容槐叶冷淘。

用时再加佐料调味,是一道清凉爽口的消暑佳食。不过冷淘并非是夏季的专供,在宋代,四季均有吃冷淘的。

〔6〕醯(xī):醋。

〔7〕簇:聚集、丛集。

〔8〕旨:主旨。

译文 ‖ 杜甫有诗写道:"青青高槐叶,采掇付中厨。新面来近市,汁滓宛相俱。入鼎资过熟,加餐愁欲无。"从诗中可知其做法:到夏天时,采摘长在高处的上好槐叶。用热水略微浸泡一下,把槐叶研碎滤出清汁。用槐叶汁和面做冷淘,用醋、酱作为调味品。把冷淘密密地摆放在盘子里端上来,看上去新鲜碧绿,十分可爱。杜甫的诗末句说:"君王纳凉晚,此味亦时须。"不仅

叶 味苦，性平，无毒。初生的嫩叶可以炸熟，用水淘洗后食用，也可以作为饮料代替茶。可治邪气产生的绝伤及荨麻疹，牙齿诸风。煎汤治小儿惊痫、人高热持续不退反恶寒反恶热、疥癣及疔肿。

花 槐花未开时形状如米粒，炒过又经水煎后呈黄色，味道很鲜美。味苦，性平，无毒。炒熟后研成末服用，可治各种痔疮，心痛目赤，腹泻便血，驱腹脏虫及皮肤风热。另外，炒香后经常咀嚼，可治疗失音以及咽喉肿痛。还可治吐血、鼻出血、血崩。

果实 槐结的果实成荚，荚中的黑子如连珠状。味苦，性寒，无毒。可治五脏邪热，止涎唾，补跌打骨折，火伤。久服明目益气，头发不白，延年益寿。

《太清草木方》载，槐是虚星的精华。将槐实放入牛胆中浸泡百日后取出来阴干即可食用，每日吞服，吞服百日身体变轻，吞服千日白发转黑，久服能明目。

槐胶 味苦，性寒，无毒。治一切风，筋脉抽挈，以及牙关紧闭，或者四肢不收，或觉周身皮肤异常像有虫爬行。

槐白皮 中药材名，槐的树皮或根皮的韧皮部。味苦，性平，无毒。可治中风及皮肤恶疮，刘禹锡《传信方》中，记载了硖州王及郎中的槐汤灸痔法：传说王及素有痔疾，上任西川安抚使判官时，乘骡子进入骆谷，突然痔疾大作，形状像胡瓜，热气如火，到了驿站便摔倒在地，身体僵硬。邮吏用这个方法灸了几次，王及便觉有一道热气进入肠中，继而大泻，泻后"胡瓜"便消失了，于是登上骡子继续赶路。

□ **槐**

槐树四五月开黄花，六七月结果实。可在七月七日采摘嫩果捣汁煎，十月份采摘老果做药用。或者采槐子种在畦田中，采摘嫩苗来吃也很好。

可见诗人一餐饭都没忘记君王,而且可知即使贵为君王,也很珍视这种山野之味。这才是作诗的主旨啊!

⊙ 文中诗赏读

槐叶冷淘

〔唐〕杜甫

青青高槐叶,采掇付中厨。
新面来近市,汁滓宛相俱。
入鼎资过熟,加餐愁欲无。
碧鲜俱照箸,香饭兼苞芦。
经齿冷于雪,劝人投此珠。
愿随金騣裹,走置锦屠苏。
路远思恐泥,兴深终不渝。
献芹则小小,荐藻明区区。
万里露寒殿,开冰清玉壶。
君王纳凉晚,此味亦时须。

地黄馎饦[1]

原文 ‖ 崔元亮[2]《海上方》[3]:"治心痛,去虫积[4],取地黄大者,净洗捣汁,和面,作馎饦,食之,出虫尺许,即愈。"正元[5]间,通事舍人[6]崔杭[7]女作淘食之,出虫,如蟆状,自是心患除矣。《本草》:"浮为天黄,半沉为人黄,惟沉底者佳。宜用清汁,入盐则不可食。或净洗细截,和米煮粥,良有益也。"

注释 ‖ [1] 馎饦(bó tuō):一种传统水煮面食,类似今日之面片汤,亦为唐之汤饼。《齐民要术·饼法》:"馎饦,挼如大指许,二寸一断,著水盆中浸。宜以手向盆旁挼使极薄,皆急火逐沸熟煮。非直光白可爱,亦自滑美殊常。"
[2] 崔元亮(768—833年):崔玄亮。字晦叔,磁州昭义人。唐代官员,晚年好黄老清静术。
[3]《海上方》:当指崔元亮所作《海上集验方》,共10卷,出自《唐书·艺文志》,今佚,佚文可见于《证类本草》。
[4] 虫积:中医病名。因肠道寄生虫引起,症状为饮食异常、脐腹疼痛、面黄肌瘦,面有虫斑。
[5] 正元:当为"贞元",785—805年,唐德宗年号。
[6] 通事舍人:官名,主要掌诏命及呈奏案章等事。该名始于东晋。
[7] 崔杭:疑为崔抗,即崔元亮之父,曾任扬州司马兼通事舍人,赠太子少师。刘禹锡《传信方》载,贞元十年,通事舍人崔抗的女儿患心痛病,行将气绝。于是用地黄做冷淘面食用,随即吐出一物,约一方寸大小,形状如蛤蟆,无眼无足,好似有口。病也因此好了。此事也载于李时珍《本草纲目》草部"地黄"条。

译文 ‖ 崔元亮《海上集验方》说:"治疗心痛病,去虫积,取长得比较大的地黄,洗净后捣成汁,和面,做成馎饦食用,吐出一尺多长的虫子,病就好了。"唐代贞元年间,通事舍人崔杭的女儿用地黄做冷淘面吃,吐出的虫子形如蛤蟆,从此以后心痛病就根除了。《本草》说:"(将生地黄浸入水中),浮起来的是天黄,半沉半浮的是人黄,只有能沉下去的最好。煮地黄宜

熟地黄 味甘，微苦，性微温，可补肾，血衰的人可用。

干地黄 味甘，性寒，无毒。治元气受伤，填骨髓，长肌肉，除寒热积聚及风湿麻木。治跌打损伤。长期服用可轻身不老，服用生地黄疗效更佳。

生地黄 性大寒，可治妇人产后血上薄心、闷绝，通月经，使体内液体循环畅通。捣贴心腹，能消瘀血。

□ 地黄

　　地黄，又名芐、芑、地髓。将地黄的根栽入土中即可生长，二月生叶，铺地而长，叶有皱纹而无光泽。高的有一尺多，矮的只有三四寸。它的花呈红紫色，也有黄色的花。果仁细小，呈沙褐色。根如人的手指，都为黄色，粗细长短不一。入药时，可以直接用生地黄，也可将生地黄加工为干地黄和熟地黄，其效用有别。

用清水，加盐就不能吃了。或者将地黄洗净切细，放到米中煮粥，对身体大有益处。"

□ 《天工开物》中的制盐场景

《天工开物》载:"凡盐产最不一,海、池、井、土、崖、砂石,略分六种,而东夷树叶、西戎光明不与焉。"由此知盐种类众多,以池盐和海盐的历史最为悠久。海盐由煮海水或在海边蒸发海水而得,传说这一方法是炎帝部落的夙沙氏发明并推广的。而池盐是盐湖的天然结晶或由盐湖表层卤水晒制而成,中国古时的池盐产地为宁夏和山西解池(今山西运城以南)。

梅花汤饼[1]

原文 ‖ 泉[2]之紫帽山[3]有高人，尝作此供。初浸白梅[4]、檀香末水，和面作馄饨皮。每一叠用五分铁凿如梅花样者，凿取之。候煮熟，乃过[5]于鸡清汁内。每客止二百余花可想。一食，亦不忘梅。后留玉堂[6]元刚有如诗："恍如孤山下，飞玉浮西湖。"[7]

注释 ‖ [1]汤饼：一种传统水煮面食，这里指馄饨。

[2]泉：福建泉州。

[3]紫帽山：位于福建省晋江市紫帽镇，为"泉州十景"之一，因常有紫云覆顶，故名。

[4]白梅：蔷薇科落叶乔木，少有灌木，高达10米。枝细长，枝端尖，绿色，无毛，野梅开白色或黄白色花。

[5]过：放入。

[6]留玉堂：留元刚。字茂潜，晚号云麓子，泉州晋江（今属福建泉州）人。宋宁宗开禧元年（1205年）中博学宏词科，特赐同进士出身。嘉定元年（1208年），除秘阁校理，二年，为太子舍人兼国史院编修官、实录院

□ 檀香

又称旃檀、真檀。《本草纲目》说：檀香的树干、枝叶都像荔枝，皮青色而滑泽。其中皮厚而色黄的为黄檀；皮洁而色白的为白檀；皮腐而色紫的为紫檀。都坚硬而有清香，以白檀为佳。

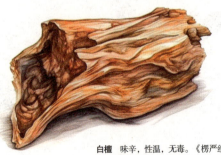

紫檀 味咸，性微寒，无毒。可以消肿毒，治金疮。

白檀 味辛，性温，无毒。《楞严经》记载，将白旃檀涂在身上，可以除去一切热恼。杜宝《大业录》记载，隋代有位禅师精通医术，做五香饮济人，即是沉香饮、檀香饮、丁香饮、泽兰饮、甘松饮，都是以香为主，再加入一些别的药，不仅止渴，而且很补益人。

白梅 将大青梅用盐水浸泡，白天晒晚上泡，十天可制成白梅，又叫霜梅、盐梅。

梅酱 可以通过熟了的梅子榨汁做成。梅酱夏季调水喝，能解暑渴，灭水中的虫毒。

梅子蜜饯 用糖腌藏，做成果脯食用。

果实 味酸，性平，无毒。生吃可止渴，晒干成脯，可加到肉羹中。也可将梅用蜜煎，或者用糖腌藏，做成果脯吃。

花 味酸、涩，无毒。用融腊封住半开的梅花的花口，投入蜜罐中，过段时间后，取一两朵花加一匙蜜放沸水里服下。也可将飘落的梅花放入米粥中煮来吃，可助雅致、清神思。

乌梅 梅开花结实，将半黄的梅子用烟熏，即可以做成乌梅。

□ 梅

　　种类很多。范成大《梅谱》载有江梅、消梅、绿萼梅、重叶梅、红梅、杏梅、鸳鸯梅等品种。"梅"字古文作"槑"，像子生在木上之形。又有说法因为梅是杏类，因此将"杏"反为"槑"，用来指梅。还有人说，梅者媒也，媒合众味。故有"若作和羹，尔唯盐梅（盐味和梅味，都是调味所需）"之说。

　　检讨官，迁直学士院。三年，兼太子侍讲，除起居舍人，以母忧去。起知温州，移赣州，以事罢，筑圃北山以终。著有《云麓集》，已佚。

〔7〕留元刚原诗已佚，这句诗的大意是：恍惚像在杭州的孤山下，一片片飞玉漂在西湖的水面上。

译文 ‖ 泉州紫帽山有一位高人，曾经做过梅花汤饼。先用白梅和檀香末泡水，然后取这种水和面做成馄饨皮。每一叠馄饨皮用五分大小梅花样的铁模子压印，等煮熟后，放入鸡汤内食用。每客只有二百多朵。可想而知，他是一顿饭也不忘梅花。后来，留元刚有诗写道："恍如孤山下，飞玉浮西湖。"

椿根馄饨

原文 ‖ 刘禹锡[1]煮樗[2]根馄饨皮法：立秋前后，谓世多痢[3]及腰痛。取樗根一大两握，捣筛，和面，捻馄饨如皂荚子[4]大。清水煮，日空腹服十枚。并无禁忌。

山家良有客至，先供之十数，不惟有益，亦可少延[5]早食。椿实而香，樗疏而臭，惟椿根可也。

□ 唐代饺子

饺子的历史十分悠久，至少在汉末已成为人们喜爱的食品之一。但在明清之前的饺子有其实而无其名。南北朝时期称为"馄饨"，唐代称为"牢丸"，到了宋代，与饺子发音相同的"角子"开始出现；除此之外还有一种圆形、有馅、用油煎或水煮的食品，类似于饺子，称为"馉饳儿"。直到清代，"饺子"的名称才开始被普遍使用。上图为中国国家博物馆馆藏的唐代饺子，1972年于新疆维吾尔自治区吐鲁番市出土。

注释 ‖ [1] 刘禹锡（772—842年）：字梦得，籍贯河南洛阳，生于河南郑州荥阳。唐代官员、文学家、哲学家，有"诗豪"之称。著有《刘梦得文集》《刘宾客集》。

[2] 樗（chū）：樗树，即今之臭椿。

[3] 痢：中医病名，痢疾的简称。

[4] 皂荚子：皂荚树的种子。《本草纲目》说：皂荚子通关节，利九窍，散淤积疮块，止腹痛。其形状为长椭圆形，似扁豆而略窄。

[5] 延：延迟，推迟。

译文 ‖ 刘禹锡煮樗根馄饨皮的方法：立秋前后，正是痢疾及腰痛病多发的季节。取樗树根两大把，捣碎后筛出细粉，和面做成馄饨，把馄饨捏成皂荚子那么大。用清水煮熟，每天空腹吃十枚。吃的时候没什么禁忌。

山野人家真正待客的时候，可先让客人吃十个，不光对身体有益，也可以将早饭时间推迟些。香椿树皮质厚实而有香气，樗树皮质疏松而有臭气，所以用香椿根做比较好。

叶 味苦,性温,有小毒。用其煮水洗疥疮、风疽有效。

白皮、根皮 味苦,性温,无毒。可去除肠道寄生虫,治慢性腹泻便血,止痔痢,还可治妇女非经期大出血、产后血不止。采出后,拌生葱蒸半日,锉细后用袋子装起来挂在屋子南畔,阴干后用。

□ 椿、樗

椿、樗、栲是一种树木的三个品种。香者为椿,臭者为樗,山樗为栲。李时珍说:椿树皮细腻而质厚并呈红色,嫩叶香甜可以吃。樗树皮粗质虚而呈白色,其叶很臭,只有在收成不好时才有人采摘来吃。生长在山中的樗树就是栲树,树木虚软,用指甲一抓就像腐朽了的木材。在二三月间可采椿嫩芽制成酸菜,香美可口。

子 味辛,性温,无毒。炒后,舂去赤皮,用水泡软,再把它煮熟,渍糖吃,可疏导五脏胀热气淤积。嚼食,可治痰膈吐酸,又有活血、润肠的作用。

□ 皂荚

又叫皂角、鸡栖子等。李时珍说:皂荚树木高大,刚长出的嫩芽可以作蔬菜吃,最益人。皂荚味辛、咸,性温,有小毒。可通关节,利九窍,散淤积疮块,止腹痛。将其浸泡在酒中,取其精华,再煎成膏敷贴,可治一切肿痛。还可治咽喉肿痛,通肺及大肠气等。

玉糁[1]羹

原文 ‖ 东坡一夕与子由[2]饮,酣甚,槌[3]芦菔[4]烂煮,不用他料,只研白米为糁。食之,忽放箸抚几曰:"若非天竺[5]酥酡[6],人间决无此味。"

注释 ‖ 〔1〕糁(sǎn):谷类磨成的碎粒。
〔2〕子由:苏轼之弟苏辙(1039—1112年),字子由,一字同叔,晚号颍滨遗老。眉州眉山(今属四川)人。北宋时期官员、文学家,书法潇洒自如,工整有序,又以散文著称,擅长政论和史论。著有《栾城集》等行世。
〔3〕槌:用木槌敲打。
〔4〕芦菔(fú):萝卜,也写作莱菔。《齐民要术·蔓菁》:"种菘、芦菔法,与芜菁同。"
〔5〕天竺:古代对今印度和印度次大陆其他国家的统称。
〔6〕酥酡:古印度酪制食品,文中指色香味俱全的美食。《法苑珠林·卷一一二》:"诸天有以珠器而饮酒者,受用酥酡之食,色触香味,皆悉具足。"

译文 ‖ 一晚,苏轼和弟弟苏辙一起喝酒,酒酣之时,把萝卜槌烂煮熟,不用其他佐料,只把白米研成碎粒放进去。吃了以后,忽然放下筷子,手抚着案几说:"若不是天竺的酥酡,人间绝没有这样的美味!"

◎ 苏过玉糁羹

除了文中提到的用萝卜制作的"玉糁羹",也可用山芋代替。据说苏轼被流放海南时,生活清苦。儿子苏过想为父亲弄点可口的食物,无奈只有山芋,于是就有了"玉糁羹"。苏轼吃罢作诗称赞道:"香似龙涎仍酽白,味如牛乳更全清。莫将北海金虀鲙,轻比东坡玉糁羹。"
——《过子忽出新意以山芋作玉糁羹色香味皆奇绝天上酥陀则不可知人间决无此味也》

叶 味辛、苦,性温,无毒。

根 味辛、甘。连同叶亦可食用,既可生吃,也可熟吃,可腌制、酱制、豉制、醋制、糖制、腊制,还可以当饭吃,是蔬菜当中很益人的品种。

子 味辛、甘,性平,无毒。研汁服,可治因风邪引起的风痰症。同醋研细后服,可以消除肿毒。它能下气、定喘、治痰,消食、除胀、利大小便,止气痛,治腹泻及疮疹。

□ 萝卜

　　即芦菔,又称莱菔等。李时珍说:萝卜六月下种,秋季采苗,冬季挖根。次年春末抽薹,开淡紫或白色小花。夏初结角,角中的子像大麻子一般大,长圆不等,呈赤黄色。它的根有红色、白色两种,形状有长、圆两类。生在砂性土壤中的萝卜甜脆,生在瘠薄土壤中的则硬且辣。萝卜散服及炮制后煮服,大下气,消食和中,使人健壮。和羊肉、银鱼煮食,治劳瘦咳嗽。和猪肉一起吃,益人。生萝卜捣烂后取汁喝,清凉解渴。利关节,养容颜,使身体感觉清爽,肌肤白嫩细腻。同时又可消渴止痰,温中补不足。

百合面

原文 ‖ 春秋仲月[1],采百合根[2],曝干,捣筛,和面作汤饼,最益血气。又,蒸熟可以佐酒。《岁时广记》[3]:"二月种,法宜鸡粪。"《化书》[4]:"山蚯化为百合,乃宜鸡粪。"岂物类之相感耶?

注释 ‖ [1]仲月:每季的第二个月,也就是农历二、五、八、十一月。

[2]百合根:百合根部扁圆形的鳞茎,肉质肥厚,可以制作淀粉,也可入药。

[3]《岁时广记》:一部包罗南宋之前岁时节日资料的民间岁时记,共

□ **百合**

又叫强瞿、蒜脑薯。李时珍说:百合的根由很多瓣合成,有人说它专治百合病,所以得名百合。百合只有一茎向上,叶向四方伸长,像短竹叶,而不像柳叶。五六月时,茎端开出大白花,花有六瓣,每瓣有五寸长,红蕊向四周垂下,颜色不红。百合结的果实有些像马兜铃,果实里的子也像马兜铃子。可以将百合鳞茎拿来像种蒜一样栽种。

根 味甘,性平,无毒。治心痛腹胀,利大小便,补中益气。还具有安心益志,养五脏的功效。也可治百合病(中医病名,以神志恍惚、精神不定为主要表现的情志病),温肺止嗽。

子 加酒炒至微红,研成末用开水冲服,可治肠风便血。

花 百合花晒干研末,和入菜油,可治小儿湿疮,效果很好。

40卷，由南宋末年陈元靓编撰。除《岁时广记》，陈元靓还著有《事林广记》《博闻录》等书。

〔4〕《化书》：道教专著，由唐末五代谭峭撰，共6卷，分道、术、德、仁、食、俭六化，一百一十篇。谭峭继承老子"有生于无"最后"有"又归于"无"的思想，认为"道"是万物变化的根本。

译文 ‖ 春秋季节的第二个月，采百合根晒干、捣碎后筛细面，和面做汤饼，最能补益气血。此外，将百合根蒸熟，也可以下酒。《岁时广记》说："百合在二月种，施鸡粪最适宜。"《化书》中说："山蚯蚓变成百合，所以适宜施鸡粪。"这难道是物类之间互相感应吗？

栝蒌[1]粉

原文 ‖ 孙思邈[2]法：深掘大根，厚削至白，寸切，水浸，一日一易，五日取出。捣之以力，贮以绢囊[3]，滤为玉液，候其干矣，可为粉食[4]。杂粳为糜[5]，翻匙雪色，加以奶酪，食之补益。又方：取实，酒炒微赤，肠风血下[6]，可以愈疾。

注释 ‖ [1] 栝蒌（guā lóu）：一种多年生攀援型草本植物，喜生于深山峻岭、荆棘丛生的山崖石缝之中。其果实、果皮、果仁（籽）、根茎均为上好的中药材。具有清热涤痰、宽胸散结、润燥滑肠之功效。
[2] 孙思邈（约541—682年）：京兆华原（今陕西省铜川市耀州区）人，医药学家、道学家，被后世尊称为"药王"。著有《千金要方》《千金翼方》《唐新本草》，在临床医学、药学上做出了极大贡献。
[3] 绢囊：用绢做的袋子。
[4] 粉食：粉制的食品。
[5] 糜：糜烂，粉碎。这里指粥。《释名·释饮食》说："煮米使糜烂也。"
[6] 肠风血下：中医病名，指便血。

译文 ‖ 孙思邈制作栝蒌粉的方法：深挖栝蒌的大根，厚削根皮直至露出白瓤，切成一寸厚的片，泡在水里，一天换一次水，五天后取出。把栝蒌片用力捣碎，装到绢囊中，滤出汁液，等到干了，可以做粉食。掺上粳米做成粥，用勺子舀动，至呈雪白色，再加入奶酪，食用后对身体有益。此外还有个方子：取栝蒌的果实，用酒炒至微微变红，服用后，肠风血下病就可以痊愈了。

◎ **栝蒌粥**

深掘大根，削皮至白，切成寸段水浸，一日一换，五至七日后收起，捣成浆末，用绢过滤出细浆粉，晾干后研为粉，和粳米煮成粥，加以乳酪，食用后很补人。

——明·高濂《遵生八笺》

根 称为白药、天花粉、瑞雪,黄皮白肉,年久的根可长数尺。秋后挖的根最好,既结实又多粉。

□ 栝蒌

栝者,圆黄,皮厚蒂小;蒌者,形长,赤皮蒂粗。栝蒌又称瓜蒌、天瓜、泽姑等。味苦,性寒,无毒。三四月生苗,引藤蔓。叶像甜瓜,叶略窄,作杈,有细毛。七月开浅黄色花,似葫芦花。花下结实,大如拳,生的时候是青色的,到九月熟后变成赤黄色。形状有圆的,有长的,功用都一样。可润肺燥,降火,治咳嗽,止消渴。炒后服用,可治吐血,大肠久积风冷所导致的便血等。

素蒸鸭又云卢怀谨[1]事

原文 ‖ 郑馀庆[2]召亲朋食。敕令[3]家人曰："烂煮去毛，勿拗折项[4]。"客意鹅鸭也。良久，各蒸葫芦一枚耳。今，岳倦翁珂[5]《书食品付庖者》诗云："动指不须占染鼎，去毛切莫拗蒸壶。"岳，勋阀阅[6]也，而知此味。异哉！

注释 ‖ 〔1〕卢怀谨：生卒年月不详，唐睿宗时曾任兵部侍郎。这句话的意思是说，文中也有说法是指卢怀谨的事。
〔2〕郑馀庆（745—820年）：字居业，郑州荥阳（今河南荥阳）人，唐代官员。进士及第，曾两度拜相。元和十五年（820年）进位司徒，同年病逝，谥号贞。
〔3〕敕令：命令，吩咐。
〔4〕项：脖子。
〔5〕岳倦翁珂：岳珂（1183—1243年），字肃之，晚号倦翁，江西江州（今江西九江）人。进士出身，官至户部侍郎、淮东总领兼制置使。岳珂为南宋文学家，著述甚丰，有《金佗粹编》《桯史》《玉楮集》《棠湖诗稿》等行世。
〔6〕勋阀阅：犹功勋世家。岳珂为岳飞之孙，岳霖之子，故有此说。

译文 ‖ 郑馀庆召集亲朋好友一起吃饭，吩咐家人说："煮烂去毛，不要拗断头颈。"客人以为是鹅鸭一类。等了很久，给每位客人端上了一个蒸葫芦。现今岳珂有首名为《书食品付庖者》的诗，写道："动指不须占染鼎，去毛切莫拗蒸壶。"岳珂是功勋世家，竟也知道蒸葫芦这道菜。这真令人惊奇啊！

◎ 素烧鹅

古时山家常以素仿荤，并命名为"素某某"，一方面是生活条件一般，没有真正的肉类食材，便以素代荤；另一方面是文人阶层恶甘厌肥，追求质朴清淡生活的表现。有此涵义的还有素烧鹅：

藤 主解毒。

叶 有柔毛,嫩时可以食用,吃后耐饥。

子 可治牙齿肿痛或露出及齿摇疼痛。

□ 葫芦

又名壶卢、瓠瓜、匏瓜。李时珍说:葫芦在二月下种,生苗,爬藤生。五六月葫芦开白花,结白色的果实。葫芦味甘,性平、滑,无毒。主治消渴(中医病名,泛指以多饮、多食、多尿、形体消瘦,或尿有甜味为特征的疾病)、恶疮、口鼻溃疡疼痛。还可利尿、消热、润心肺、治泌尿系结石。葫芦既可以食用,也可以作为器具。大的可做瓮盎;小的可做瓢和酒樽;做舟可以浮水;做笙可以奏乐;皮、瓤可以喂猪。

将山药煮烂,切成一寸长短的段,用豆腐皮包起来,放入油锅中煎炸,再加入酱油、酒、糖、瓜姜等,烧煮至颜色红亮为度。

——清·袁枚《随园食单·杂素菜单》

黄精[1]果饼茹

原文 ‖ 仲春[2]，深采根，九蒸九曝[3]，捣如饴[4]，可作果食。又，细切一石[5]，水二石五升，煮去苦味，滤入绢袋压汁，澄[6]之，再煎如膏。以炒黑豆、黄米，作饼约二寸大。客至，可供二枚。又，采苗，可为菜茹[7]。隋羊公[8]服法："芝草之精也，一名仙人余粮。"其补益可知矣。

注释 ‖ [1]黄精：一种多年生草本植物，其根状茎为常用中药，可用于脾胃虚弱、体倦乏力、口干食少、肺虚燥咳、精血不足、内热消渴等症及治疗肺结核、癣菌病等。

[2]仲春：春季第二个月，即农历二月。

[3]曝：曝晒。

[4]饴：本指饴糖，即用玉米、大麦、小麦等谷物发酵糖化制成的糖。这

□ 饴糖小摊

饴糖是一种历史悠久的淀粉糖品，在古代多指麦芽糖。稻、麦、黍和粟都可以用来制作饴糖，制作饴糖的方法是将稻麦之类的粮食浸泡湿润，让它生芽后再晒干，然后经过煎炼调化而成。颜色以白色为上品，红色的叫做胶饴，一度受到宫廷的青睐，含在嘴里立刻就会融化，形状像琥珀。古时候南方做饼的人家，称饴糖为小糖，可能是为了区别于蔗糖而取的名字。饴糖在宋代主要为消遣零食，在民间广受欢迎，如《梦粱录》中记载的"胶牙饧"、《武林旧事》中记载的"糖丝线"等。图为19世纪一位中国艺术家所创作的一系列民俗风情版画之《麦芽糖摊贩》。

大豆

又称菽，角为荚，叶为藿，茎为萁。适宜生长在高原地区，在夏至前后播种，苗长达三四尺，叶呈圆形但有尖。秋季开出成丛的小白花，结成长达一寸多的豆荚，逢霜雪就枯萎。大豆有黑、白、黄、褐、青、斑等数种颜色。

黑豆

味甘，性平，无毒。适宜药用，也可以当粮食，还可以做成豆豉。研碎涂在疮肿处，有一定疗效。将黑豆煮成汁喝，能止痛。它还能治水肿，消除胃中热毒和脾胃受损导致的疲困，祛瘀血，散五脏内寒。将它炒成粉末服用，能助消化。长时间食用黑豆，可以润泽肌肤。同甘草煮汤饮，祛一切热毒气，治风毒（即风疹）、脚气。

黄豆

可以做豆腐、榨油、做酱油。其余颜色的只可以做豆腐和炒着吃。

里指类似饴糖的稠状物。

〔5〕一石：古代容量单位，十斗为一石，十升为一斗。

〔6〕澄（dèng）：让液体里的杂质沉下去。

〔7〕菜茹：菜蔬。《汉书·食货志上》："还庐树桑，菜茹有畦。"颜师古注："茹，所食之菜也。"

〔8〕隋羊公：《本草纲目·草部》"黄精"条说：隋时羊公服黄精法云：黄精是芝草之精也，一名葳蕤，一名白芨，一名仙人余粮。

译文 ‖ 仲春季节，深挖黄精的根，经过九蒸九晒，把根捣成饴糖状，可作果脯食用。另外一个法子是，细切黄精一石，加水二石五升，煮掉苦味，装入绢袋过滤，压汁澄干，再煎成膏状。加到黑豆、黄米中一起炒，做成约两寸大的饼。有客人来，可让其吃两个。另外，采黄精的幼苗，可以当蔬菜食用。隋羊公的服法是："黄精是芝草的精华，还有个名字叫仙人余粮。"它对人的补益作用可想而知。

根 大节而不平,如嫩姜。二三月采根,在地下八九寸的最好。味甘,性平,无毒。补中益气,除风湿,安五脏,久服轻身延年,不感到饥饿。补五劳七伤,助筋骨,耐寒暑,益脾胃,润心肺。单单吃九蒸九晒的黄精,便可驻颜断食。

□ **黄精**

又称黄芝、戊己芝、仙人余粮、救穷草、野生姜等,百合科多年生草本植物,地下具横生根茎,肉质肥大。黄精以嵩山、茅山生长的最好。二月挖采根,先蒸然后晒干后才能食用。三月生苗,高一二尺,初长时,当地人多把它采来当菜吃,叫作笔菜,味道极好。四月开青白色的花,形状如小豆花。浆果成熟时为黑色,八月可采摘,味道甘美。

傍林鲜

原文 ‖ 夏初，林笋盛时，扫叶就竹边煨熟，其味甚鲜，名曰"傍林鲜"。文与可[1]守临川[2]，正与家人煨笋午饭，忽得东坡书。诗云："想见清贫馋太守，渭川千亩在胃中。"不觉喷饭满案。想作此供也。大凡[3]笋贵甘鲜，不当与肉为友。今俗庖[4]多杂以肉，不才有小人，便坏君子。"若对此君成大嚼，世间那有扬州鹤[5]"，东坡之意微[6]矣。

注释 ‖ [1] 文与可：文同（1018—1079年），字与可，号笑笑居士，人称"石室先生"。北宋梓州梓潼郡永泰县（今属四川省绵阳市盐亭县）人。宋代官员，迁太常博士、集贤校理，历官邛州、大邑、陵州、洋州（今陕西洋县）等知州或知县。元丰初年，文同赴湖州（今浙江吴兴）就任，世人称"文湖州"。文同诗画兼工，以学名世，深为其从表弟苏轼敬重。
[2] 临川：今江西省抚州市。
[3] 大凡：大多数。
[4] 俗庖：鄙俗的厨子。
[5] 扬州鹤：典出南朝梁人殷芸《小说》："有客相从，各言所志：或愿为扬州刺史，或愿多资财，或愿骑鹤上升。其一人曰：'腰缠十万贯，骑鹤下扬州。'"后人便用"扬州鹤"来指代理想中的十全十美的事物，或不可实现的空想、奢求。
[6] 微：精妙。

译文 ‖ 夏初季节，竹林里的笋长得茂盛时，就在竹边扫竹叶，生火把笋煨熟，味道特别鲜美，因此起名叫"傍林鲜"。文与可任临川太守时，一次正与家人煨笋吃午饭，忽然收到苏东坡的信。信中有诗写道："想见清贫馋太守，渭川千亩在胃中。"文与可看了，不觉笑得喷了一桌子饭。料想大概就是这个菜了。大凡吃笋，最可贵的是它的甘甜鲜美，而不应当与肉同煮。如今那些鄙俗的厨子多掺上肉做，难道不像有了小人，就坏了君子的雅兴？"若对此君成大嚼，世间那有扬州鹤"，苏东坡的意思实在是精妙啊。

□ 竹笋

竹笋味甘,性微寒,无毒。主消渴,利尿,益气。李时珍说:吃笋方法要得当,才会对人有益,反之则有害。苦笋宜久煮,干笋宜取汁做羹吃。蒸食吃,味道最美;煨熟的也不错。笋虽然味道甘美,能滑利大肠,却对脾无益。淡笋、干笋、苦笋、冬笋、鞭笋都可长期食用。其他杂竹笋性味不一,不宜经常吃。

◎ 煨三笋

食用竹笋在我国有悠久的历史,史上很早就有专门的竹笋宴。竹笋种类繁多,按采摘时节分,有春笋、冬笋、鞭笋等;按来源分,有苦笋、淡笋、毛笋等。制作方法多种多样,或鲜或干,或腌或焙。具体吃法更是花样百出。大文豪苏东坡以及文中提到的文与可都喜欢将竹笋煨熟吃,而不掺杂任何其他食材,尤其不喜欢掺肉。这种吃法最大程度地保留了竹笋的原汁原味,有点类似于《随园食单》中"煨三笋"的做法。不过,"煨三笋"是将天目笋(杭州天目山出产的笋)、冬笋、问政(安徽歙县问政山出产的笋)放一起,用鸡汤煨熟,尤不及文与可的单用火煨熟。实际上,竹子大都寄寓了过去文人士大夫喜爱清雅的操行,苏东坡、杜甫、白居易等无不喜竹,且喜食竹笋。所谓"宁可食无肉,不可居无竹",则也是笋外的另一番滋味了。

⊙ 文中诗赏读

筼筜谷

〔北宋〕苏轼

汉川修竹贱如蓬,斤斧何曾赦箨龙?

料得清贫馋太守,渭滨千亩在胸中。

于潜僧绿筠轩

〔北宋〕苏轼

可使食无肉,不可居无竹。

无肉令人瘦,无竹令人俗。

人瘦尚可肥,士俗不可医。

旁人笑此言,似高还似痴。

若对此君仍大嚼,世间那有扬州鹤?

雕菰^[1]饭

原文 ‖ 雕菰，叶似芦，其米黑，杜甫故有"波翻菰米沉云黑"之句。今胡穄^[2]是也。曝干，砻^[3]洗，造饭既香而滑。杜诗又云："滑忆雕菰饭。"又会稽^[4]人顾翱^[5]，事母孝。母嗜雕菰饭，翱常自采撷。家濒太湖，后湖中皆生雕菰，无复余草，此孝感也。世有厚于己，薄于奉亲者，视此宁无愧乎？呜呼！孟笋^[6]王鱼^[7]，岂有偶然哉！

注释 ‖ 〔1〕雕菰（gū）：茭白。多年生宿根水生草本植物，夏秋抽出花茎，经黑粉菌侵入，茎部形成肥大部分，即可食用的茭白。

〔2〕胡穄（jì）：菰米的古称。

〔3〕砻（lóng）洗：脱出稻谷的壳。

〔4〕会稽：古地名，今浙江绍兴。

〔5〕顾翱：西汉孝子，会稽人。《西京杂记·卷五》："会稽人顾翱，少失父，事母至孝。母好食雕胡饭，常帅子女躬自采撷。还家，导水凿川，自种供养，每有赢储。家亦近太湖，湖中后自生雕胡，无复余草，虫鸟不敢至焉，遂得以为养。郡县表其闾舍。"

〔6〕孟笋：指"孟宗哭竹"的故事。三国时，江夏人孟宗的母亲年老病重，医生嘱用鲜竹笋做汤。时值严冬，没有鲜笋，孟宗只好跑到竹林里，扶竹哭泣。少顷，忽然地裂开了，只见地上长出了数茎嫩笋。孟宗大喜，采回做汤，母亲喝了后果然病愈。

〔7〕王鱼：指"王祥卧鱼"的故事。晋时，琅琊临沂人王祥的继母病卧在床，不思饮食。一日，继母突然想吃鲤鱼，但王祥不仅无钱购买，还因为河水冰封而无法捕鱼。王祥孝母心切，便到村西河内解衣横卧冰面之上，欲以体温暖化冰面，下水捕鱼。王祥此举感动上苍，在他从冰面爬起之后，两条鲤鱼破冰而出。王祥将鱼带回家供奉母亲，其母食后，病情痊愈。

译文 ‖ 雕菰，叶子像芦苇叶，菰米是黑色的，所以杜甫有"波翻菰米沉云黑"的诗句。现在说的胡穄，就是雕菰米。将菰米晒干，脱去米壳，用来做饭吃既香又滑。杜甫又有诗写道："滑忆雕菰饭。"另外，会稽人顾翱，侍奉母

菰手 春末的时候生出像笋一样的白茅，如小儿臂，又叫做茭白、菰菜，生熟都可以吃。味甘，性冷滑，无毒。治热毒风气，卒心痛，可加盐、醋煮食。还可去烦热，止渴，利大小便。与鲫鱼一起做羹吃，开胃口，解酒毒。

叶 利五脏。

菰根 味甘，性大寒，无毒。主治肠胃痛热，消渴，止尿多。

□ **菰**

又名茭草、蒋草。根相结生于水中，江河湖泽中都有，久之会与土一起浮于水上。叶如蒲、苇，可以喂马。它带有茎梗的苗，叫作菰蒋草。秋天的时候结果实，叫做雕菰米。荒年的时候，人们会拿来当粮食吃。

亲十分孝敬。他母亲酷爱吃菰米饭，顾翱经常亲自去采摘。他家濒临太湖，此后太湖中到处生长着雕菰，再没有其他的杂草，这是顾翱的至孝感动上苍的结果。世上那些只知厚待自己，却薄待双亲的，见此难道就不羞愧吗？哎！孟宗哭笋即出笋，王祥卧鱼即得鱼，这些事例难道都是偶然的吗！

⊙ **文中诗赏读**

秋兴八首·其七

〔唐〕杜甫

昆明池水汉时功，武帝旌旗在眼中。
织女[1]机丝虚夜月，石鲸[2]鳞甲动秋风。
波漂菰米沉云黑，露冷莲房坠粉红。
关塞极天惟鸟道，江湖满地一渔翁。

山家清供

□ 砻

　　给稻谷去壳的工具。砻有两种，一种是木砻，截取一尺多长的木头（多使用松木），砍削成大磨盘形状，两扇都凿出纵向的斜齿，下扇安装一根轴与上扇贯通，上扇中间挖空装稻谷。没有完全干燥的稻谷放到砻内也不会破碎，所以木砻用来大量加工上缴的军粮和漕运的储备粮；一种是土砻，劈开竹子编成圆筐，将干净的黄土放进里面填实，上下两面镶嵌竹齿。上面一扇中间空出，用来装稻谷。它的容量比木砻大一倍。稻谷稍有潮湿，放进土砻就会磨碎。使用木砻的人，一定要身强力壮，而土砻即使是妇孺也能胜任。百姓做饭用的米都是用土砻加工的。

注释 ‖ 〔1〕织女：汉代长安昆明湖西岸有织女石像，俗称"石婆"。

〔2〕石鲸：汉代昆明池中有石刻鲸鱼。

江阁卧病走笔寄呈崔、卢两侍御

〔唐〕杜甫

客子庖厨薄，江楼枕席清。

衰年病只瘦，长夏想为情。

滑忆雕胡饭，香闻锦带羹。

溜匙兼暖腹，谁欲致杯罂。

锦带羹

原文 ‖ 锦带[1]者,又名文官花也,条生如锦。叶始生柔脆,可羹,杜甫固有"香闻锦带羹[2]"之句。或谓莼[3]之萦纡[4]如带,况莼与蒫同生水滨。昔张翰[5]临风,必思莼鲈[6]以下气。按《本草》:"莼鲈同羹,可以下气止呕。"以是,知张翰当时意气抑郁,随事呕逆,故有此思耳,非莼鲈而何?杜甫卧病江阁[7],恐同此意也。

谓锦带为花,或未必然。仆[8]居山时,因见有羹此花者,其味亦不恶。注谓"吐绶鸡[9]",则远矣。

注释 ‖〔1〕锦带:一指莼菜。仇兆鳌注引朱鹤龄曰:"锦带,即蓴丝。《本草纲目》作莼,或谓之锦带,生湖南者最美。"又说:"诗云'薄采其茆',其莼也。或讳其名,谓之锦带。"另指花名,因其开花时枝条酷似锦带,故称。又名海仙花、文官花。宋·王禹偁《海仙花》诗之三:"锦带为名卑且俗,为君呼作海仙花。"
〔2〕香闻锦带羹:参见"雕菰饭"条。
〔3〕莼:莼菜,多年生水生宿根草本植物,叶子椭圆形,浮在水面,茎上和叶的背面有黏液,花暗红色。嫩叶可供食用,含有丰富的维生素和矿物质。
〔4〕萦纡:盘旋环绕。
〔5〕张翰:生卒年不详,字季鹰,吴郡吴县(今江苏省苏州市)人。西晋文学家,性格放浪不拘,时人比之为阮籍,号为"江东步兵"。齐王司马冏执政,辟为大司马东曹掾。见洛阳祸乱方兴,以思念家乡的莼羹、鲈鱼为由辞官而归。所以曾有"鲈鱼正美不归去,空戴南冠学楚囚"的诗句。
〔6〕莼鲈:指莼菜和鲈鱼。《晋书·张翰传》:"翰因见秋风起,乃思吴中菰菜、莼羹、鲈鱼脍。"后世遂以"莼鲈之思"比喻怀念故乡的心情。作者林洪于"莼鲈之思"的解读则另辟蹊径,所以张翰并非避世,而是在时局之下心情抑郁、时常呕吐,才想吃家乡的莼菜、鲈鱼以顺气。
〔7〕卧病江阁:见杜甫诗《江阁卧病走笔寄呈崔、卢两侍御》。

□ 莼菜

又称茆、水葵、露葵等。《本草纲目》说：莼菜生长在南方河泽之中，叶如荇菜但不太圆，形似马蹄。其茎紫红色，柔软光滑可做羹。莼菜味甘，性寒，无毒。治消渴热痹，和鲫鱼做成汤吃，有下气止呕功能。补大小肠虚气，但不宜过多。滋补肠胃，祛水肿，解百药毒和毒物。

□ 鲈鱼

又名四鳃鱼。《本草纲目》说：鲈鱼在江浙一带常见，尤其浙江最多。每年四五月份出现，其身长不过数寸，形态像鳜鱼，白色，有黑点，口大鳞细，有四个鳃。鲈鱼味甘，性平，有小毒。补益五脏，益筋骨，调和肠胃。但吃多了会诱发腹胀。据说，吴人将鲈鱼献给隋炀帝，隋炀帝称之为"金粉玉肉"。

〔8〕仆：对自己的谦称。

〔9〕吐绶鸡：鸟名。又称吐锦鸡、真珠鸡、七面鸟，俗称火鸡。以喉下有肉垂，似绶，故名。

译文 ‖ 锦带，又名文官花，长枝条上开花如锦。叶子刚长出时既柔又脆，可以做羹吃，所以杜甫诗中就有"香闻锦带羹"的句子。有人说莼菜生得缠绕弯曲，像带子一样，何况莼菜与菰菜都生长在水滨。昔日张翰每到秋风起的时候，必定想吃莼菜、鲈鱼以顺气。《本草》说：莼菜鲈鱼放一起做羹，可以顺气、止呕吐。由此可知，张翰当时心情抑郁，不时呕吐，所以才有"莼鲈之思"，不是莼菜、鲈鱼羹还能是什么呢？杜甫卧病江阁，写诗寄呈友人，心情恐怕和张翰是一样的吧。

把"锦带"解释成一种花，或许未必正确。我居住在山野之时，曾见有人拿这种花做羹，味道也还不坏。但把锦带解释成"吐绶鸡"，就差得太远了。

◎ 鲈鱼脍

在农历八九月下霜之时，取三尺长以下的鲈鱼，先切成薄片，再切成细条，用清水浸泡后用布包好，沥干水分，散放在盆里。取香薷的叶子，间隔着切细，和鲈鱼肉调拌均匀。如此做好后的霜鲈肉洁白如雪，而且没有腥味，人们称作"金齑玉脍，东南佳味"。

——清·朱彝尊《食宪鸿秘》

煿金煮玉

原文 ‖ 笋取鲜嫩者,以料物[1]和薄面,拖油煎,煿[2]如黄金色,甘脆可爱。旧游莫干[3],访霍如庵正夫[4],延[5]早供。以笋切作方片,和白米煮粥,佳甚。因戏之曰:"此法制惜气也。"济颠[6]《笋疏》云:"拖油盘内煿黄金,和米铛[7]中煮白玉。"二者兼得之矣。霍北司,贵分也,乃甘山林之味,异哉!

注释 ‖ [1] 料物:指食物、用物、调料等,这里指调料。

[2] 煿（bó）:煎炒或烤干食物。

[3] 莫干:指莫干山,为天目山之余脉,位于今浙江德清境内。春秋末年,吴王阖闾派干将、莫邪在此铸剑,因而得名。

[4] 正夫:霍正夫,宋朝诗人,有诗《大涤洞天留题》存世。

[5] 延:邀请。

[6] 济颠:指南宋高僧道济,俗名李修缘,号湖隐,台州天台（今浙江省天台县）人。行止疯癫,一生扶危济困,后人尊称其为"济公活佛",被列为禅宗第五十祖。撰有《镌峰语录》10卷。

[7] 铛:锅。

译文 ‖ 取鲜嫩的竹笋,加上调料和面糊,用油煎至金黄色,吃起来甜脆可口。以前游莫干山时,拜访霍如庵先生,先生请我吃早饭。先生的做法是把笋切成方块,放入白米中煮粥,味道很好。我开玩笑说:"这种做法省气力。"道济的《笋疏》说:"拖油盘内煿黄金,和米铛中煮白玉",两种做法皆有。霍北司是尊贵的人,也喜欢吃山林之味,奇怪啊!

土芝丹

原文 ‖ 芋,名土芝[1]。大者,裹以湿纸,用煮酒和糟涂其外,以糠皮火煨之。候香熟,取出,安地内,去皮温食。冷则破血[2],用盐则泄精[3]。取其温补,名"土芝丹"。

昔懒残师[4]正煨此牛粪火中。有召者,却[5]之曰:"尚无情绪收寒涕[6],那得工夫伴俗人。"又,山人诗云:"深夜一炉火,浑家[7]团栾[8]坐。煨得芋头熟,天子不如我。"其嗜好可知矣。

小者,曝干入瓮,候寒月,用稻草盦[9]熟,色香如栗,名"土栗"。雅宜山舍拥炉之夜供。赵两山汝涂诗云:"煮芋云生钵,烧茅雪上眉。"盖得于所见,非苟作也。

注释 ‖ [1]土芝:芋头的别名。明·徐光启《农政全书》:"芋苗:《本草》一名土芝,俗呼芋头。生田野中,今处处有之,人家多栽种。"
[2]破血:中医术语,指某些药物行气活血作用较强,容易损伤人体的正气。
[3]泄精:中医术语,遗精。
[4]懒残师:懒残大师。唐天宝初衡岳寺执役僧也,退食即收所余而食,性懒而食残,故名之。
[5]却:推辞。
[6]寒涕:寒冷时出的鼻涕。
[7]浑家:妻子,也指全家人。
[8]团栾:团绕、聚集的样子。
[9]盦(ān):覆盖。

译文 ‖ 芋头,又名土芝。用湿纸把个头大的包起来,再用煮酒混合酒糟涂在表面,用糠皮火煨。等煨熟闻到香味,取出,放到地上,去皮趁温热吃。凉吃则破血,加盐吃则泄精。因其有温补作用,所以又名"土芝丹"。

昔日懒残大师正在牛粪火中煨芋头。有人来请,他推辞道:"我现在冻得鼻涕横流无情无绪,哪有工夫去陪伴俗人!"此外,山人有诗写道:"深夜一

茎、叶 味辛，性冷、滑，无毒。可除烦止泻，疗孕妇心烦迷闷，胎动不安。将茎叶和盐一同研碎，敷蛇虫咬伤和痈肿毒处有奇效。

梗 即连接叶和茎的部位，用来搽蜂刺毒特别有效。相传处士刘易隐居在王屋山时，曾看见一只蜘蛛被大蜂刺伤坠地，不久，只见蜘蛛腹胀欲裂，便徐徐爬入草丛中，咬开芋梗，将伤处对着芋梗磨，磨了很久，腹胀才渐渐消散，最后，恢复到原来轻盈的样子。自此后凡是有被蜂刺伤的人，都将芋梗敷在伤处，即可痊愈。

芋子 味辛，性平、滑，有小毒。可宽肠胃，养肌肤。吃冷芋子，疗烦热，止渴。令人肥白，开胃，破瘀血，去死肌。喝芋子汤，止血渴（因失血所致口渴）。和鱼煮食，很能下气，调中补虚。

□ **芋头**

《本草纲目》说：芋的种类很多，有水、旱两种。旱芋可种在山地上，水芋可种在水田中，叶都相似，但水芋的味道更好。凡吃芋都必须是人工种植的，如三年之内不挖掘，就会变成野芋，有大毒。白色的芋吃起来无味，紫色的芋吃了破气。煮汤喝，止渴。十月后将芋晒干收藏，到冬季吃了不会发病。但在其他的季节却不能吃。芋和鲫鱼、鲤鱼同煮，吃了对身体很好。

炉火，浑家团栾坐。煨得芋头熟，天子不如我。"可知他也嗜好吃芋头了。

小的芋头晒干后放入瓮中，等到冬天，用稻草火烤熟，色香味就像栗子，取名"土栗"。非常适宜山居围炉夜餐。赵两山汝涂有诗道："煮芋云生钵，烧茅雪上眉。"这是他亲自看见的景象，并不是乱编的。

柳叶韭

原文 ‖ 杜诗"夜雨剪春韭",世多误为剪之于畦[1],不知剪字极有理。盖于炸时必先齐其本[2],如烹薤[3]"圆齐玉箸头"之意。乃以左手持其末,以其本竖汤内,少剪其末。弃其触也。只炸其本,带性投冷水中。取出之,甚脆。然必用竹刀截之。

韭菜嫩者,用姜丝、酱油、滴醋拌食,能利小水[4],治淋闭[5]。

注释 ‖ [1]畦(qí):田地中分成的小块土地。

[2]本:根部。

[3]薤(xiè):多年生草本植物,地下有鳞茎,叶子细长,花紫色。其鳞茎又称"藠头",可作蔬菜食。

[4]小水:中医术语,指小便。

[5]淋闭:中医病证名。小便滴沥涩痛谓之淋,小便急满不通谓之闭。

译文 ‖ 杜甫的诗句"夜雨剪春韭",世人多误以为是从菜畦里割韭菜,不知这里的"剪"字大有名堂。因为炸韭菜的时候,必定要先把它的根弄齐,就像烹薤菜时"圆齐玉箸头"那样。要用左手拿着韭菜梢,竖着把韭菜根部放到热水中,稍微剪去一些韭菜梢,扔掉不用。只炸韭白部分,然后再投放到冷水中拔凉。取出食用,很脆。但是必须用竹刀切段。

嫩韭菜就用姜丝、酱油、醋凉拌着吃,能利小便,治淋闭之症。

◎ 韭菜的做法

韭菜具有一定的药用价值,也是一种民间家常蔬菜,因其属荤,有特殊气味,而为部分人不喜。袁枚《随园食单·杂素菜单》有韭菜的做法,称"专取韭白,加虾米炒之便佳"。或者用鲜虾、蚬亦可。如没有海鲜,直接用肉炒都可以。本文对杜甫的诗"夜雨剪春韭"给出了不同于常人的解释。此句一般解读为"乘着春夜细雨去地里割韭菜",因为雨里割的韭菜尤其新鲜,而且此景诗意盎然。林洪解释为是炸韭菜时用剪刀剪去韭菜末梢,结合下句"新炊间黄粱",似乎也不无道理。

上卷

□ 韭菜

又名草钟乳、起阳草，民间称其为"壮阳草"。茎名韭白，根名叫韭黄，花名叫韭菁。《本草纲目》说：韭菜，丛生，叶茂盛，很长，颜色青翠。味辛、微酸、涩，性温，无毒。主归心，安抚五脏六腑，除胃中烦热，对病人有益，可以长期吃。和鲫鱼同煮，可治急性痢疾。根叶煮食，可以使肺气充沛，调和脏腑，令人能食。煮食，归肾壮阳，止泄精。许慎在《说文解字》中说，韭菜只种一次便长期生长，所以称为"韭"。一年可割三四次，只要不伤到根，到冬天用土覆盖起来，春天来临又开始生长。

□ 薤头

即薤，又名䪥子等。《本草纲目》说：薤形状像韭菜，但韭菜叶是实心而扁的，薤叶则是中空又有棱的，其气味更像葱。八月栽种，适宜在土壤肥沃的地方生长。它的根可以煮食、腌渍和醋泡。薤白味辛、苦，性温、滑，无毒。可治刀伤溃烂，强筋骨，降烧，温暖中焦散结气，利于病人。煮食可治慢性腹泻，令人健壮。

⊙ 文中诗赏读

赠卫八处士

〔唐〕杜甫

人生不相见，动如参与商。

今夕复何夕，共此灯烛光。

83

少壮能几时，鬓发各已苍。
访旧半为鬼，惊呼热中肠。
焉知二十载，重上君子堂。
昔别君未婚，儿女忽成行。
怡然敬父执，问我来何方。
问答乃未已，驱儿罗酒浆。
夜雨剪春韭，新炊间黄粱。
主称会面难，一举累十觞。
十觞亦不醉，感子故意长。
明日隔山岳，世事两茫茫。

秋日阮隐居致薤三十束
〔唐〕杜甫

隐者柴门内，畦蔬绕舍秋。
盈筐承露薤，不待致书求。
束比青刍色，圆齐玉箸头。
衰年关鬲冷，味暖并无忧。

松黄饼

原文 ‖ 暇日,过大理寺[1],访秋岩陈评事介[2]。留饮。出二童,歌渊明[3]《归去来辞》,以松黄[4]饼供酒。陈角巾[5]美髯,有超俗之标[6]。饮边味此,使人洒然[7]起山林之兴,觉驼峰[8]、熊掌皆下风矣。

春末,采松花黄和炼熟蜜,匀作如古龙涎[9]饼状,不惟香味清甘,亦能壮颜益志,延永纪筭[10]。

□ 唐代糕饼

唐代的糕饼类食品的种类相当丰富,工艺也已十分精致。"点心"一词就始于唐代,据说当时有一个叫郑修的人,有一日,仆人为其夫人准备了早餐,夫人正在化妆,便对她的弟弟说:"治妆未毕,我未及餐,尔且可点心。"另外,《幻异志·板桥三娘子》中也有记载:"三娘子先起点灯,置新做烧饼于食床上,与客点心。"这里的"点心"均为先吃一点食物垫垫肚子的意思。现代意义上的点心在当时被称为"果子",直到北宋,"点心"才作为名词,如孟元老《东京梦华录》中就载有每日交五更时,一些酒店便点燃灯、烛,开门营业,卖"灌肺及炒肺""并饭、粥、点心"。图为中国国家博物馆馆藏的唐代糕饼。

注释 ‖ [1]大理寺:官署名。掌刑狱案件,长官名为大理寺卿,位九卿之列。秦汉为廷尉,北齐为大理寺,历代因之,唐代为"九寺"之一,明、清时期与刑部、都察院并称为"三法司"。

[2]陈评事介:评事,官名,属大理寺。陈介,南宋进士。

[3]渊明:陶渊明(约365—427年),字元亮,晚年更名潜,别号五柳先生,私谥靖节,世称靖节先生,浔阳柴桑(今江西省九江市)人。东晋末到刘宋初诗人、辞赋家、散文家,田园诗派鼻祖。

[4]松黄:松花。

[5]角巾:方巾,有棱角的头巾。

[6]标:风度,格调。

[7]洒然:犹欣然。

[8]驼峰:骆驼背上的肉峰,古代为珍馐之一。

[9]龙涎:香名。抹香鲸胃部的一种分泌物,因得于海上,故称龙涎。为灰、黄或黑色蜡状,香味经久不散,为一种珍贵香料。

[10]筭(suàn):同"算",计算、算计。

译文 ‖ 有一天闲来无事,到大理寺拜访评事陈介。陈介挽留饮酒。有两个小童出来,唱着陶渊明的《归去来辞》,又端上松黄饼下酒。陈介头戴方巾，美髯飘飘，有超尘拔俗的风度。边饮酒边品尝松黄饼，让人不禁生起隐逸山林的兴致，此时就是驼峰、熊掌这样的珍馐美味也处于下风了。

春末时候，采松黄和炼熟蜜，拌匀做成古代的龙涎饼形状，不仅香味清甜，也能养颜补心，延年益寿。

◎ 松黄饼另二法

方法一：采松花蕊，去掉松皮，只取其中白嫩的部分用蜜浸渍，再置于小火上略煎烤一下即可。蜜要烤熟，但又不可太熟。

——明·高濂《遵生八笺》

方法二：将熟蜜、白砂糖盛在容器中，在锅内放入开水炖热，渐次加入松黄，做成小饼食用。

——明·宋诩《宋氏养生部》

◎ 松黄糕

松黄六升，白糯米绝细粉四升，白砂糖一斤，蜜一斤，按给定的比例加水和匀，反复捣筛，然后放入甑中蒸至糯米粉熟即可食用。

——明·宋诩《宋氏养生部》

◎ 松黄汤

松黄汤补中益气，强壮筋骨。用羊肉一脚子（一脚子，一只羊的四分之一，泛指大块），卸割成小块；草果五个；回回豆半升，捣碎，去掉豆皮。以上原料，一同下锅加水煮熬成汤，把汤过滤干净；将煮熟的羊胸脯肉切成色数大小的肉块，与二合松黄汁、半合生姜汁一同下锅翻炒，然后放入滤净的肉汤中烧开，加入葱花、食盐、醋和芫荽叶，调和均匀，就可以就着面食吃了。

——元·忽思慧《饮膳正要》

◎ 松花酒

白居易诗云："腹空先进松花酒，膝冷重装桂布裘。若问乐天忧病否，乐天知命了无忧。"可见在唐代就已有松花酒了，遗憾的是其制法不详。这里介绍明代松花酒的两种制作方法。

松树二三月抽蕊开花，长四五寸。

□ 松黄

　　清代园艺家陈淏子《花镜》曰："松为百木之长，诸山中皆有之。……其花色黄而多香，但有粉而无瓣。"故此，松花又名"松黄"。松黄味甘，性温，无毒。主润心肺，益气，除风止血，也可以酿酒。也有人用松黄、白砂糖和米粉，做成糕饼食用。松花富含人体必需的多种氨基酸、维生素、微量元素、酶类、黄酮类、不饱和脂肪酸等营养成分和生命活性物质，常食可促进新陈代谢、防病治病、美容养颜。古人认为松花食品有延年益寿作用是不无道理的。

　　方法一：三月松花开时，摘取形如鼠尾状的松花一升，用绢袋装起来，将白酒酿熟后放入松花，并将酒在井内浸上三日取出，滤去松花即可饮用。这种方法属于浸渍法，因所用为成品白酒，所以制出的酒要辛冽些。

——明·高濂《遵生八笺》

　　方法二：取糯米淘洗干净，每一斗米加入五两神曲、松花一升，拌匀后蒸熟，用绢袋装起来，在一升酒中浸泡五天就能饮用了。这是一种将松花与糯米加曲发酵后制成的黄酒。

——明·戴羲《养余月令》

酥琼叶

原文 ‖ 宿蒸饼[1]，薄切，涂以蜜，或以油，就火上炙。铺纸地上，散火气。甚松脆，且止痰化食。杨诚斋[2]诗云："削成琼叶片，嚼作雪花声。"形容尽善矣。

□ 蜂蜜

　　又称蜂糖。《本草纲目》说：蜂蜜味甘，性平，无毒。生的性凉，所以能解热；熟的性温，所以能补中；甜而性平，所以能解毒。柔而濡泽，所以能润燥。缓能去急，所以能止心腹、肌肉、疮疡之痛。其能调和百药，与甘草有同样的功效。久服，轻身，延年益寿。

注释 ‖〔1〕蒸饼：炊饼。宋时的蒸饼犹后世之馒头，宋·吴处厚《青箱杂记》记载："仁宗庙讳贞（应作"祯"），语讹近蒸，今内廷上下皆呼蒸饼为炊饼。"
〔2〕杨诚斋：杨万里（1127—1206年），字廷秀，号诚斋，自号诚斋野客。吉州吉水（今江西省吉水县黄桥乡湴塘村）人。南宋官员、美食家、诗人。与陆游、尤袤、范成大并称为南宋"中兴四大诗人"。其诗初学江西派，后学王安石及晚唐诗人，后自成一家，形成对后世影响颇大的"诚斋体"。

译文 ‖ 把隔夜的馒头切成薄片，涂上蜂蜜，或者油，放在火上烤。然后放到铺在地上的纸上，散散火气。吃起来十分酥脆，而且有止痰化食的功效。杨万里有诗道："削成琼叶片，嚼作雪花声。"形容得可谓是尽善尽美了。

⊙ 文中诗赏读

炙蒸饼

〔南宋〕杨万里

圆莹僧何矮，清松絮尔轻。
削成琼叶片，嚼作雪花声。

□ 饼面铺 《百工图》局部
　清　河北蔚县关帝庙壁画

　　古时候，饼是面制食品的统称，有蒸制的蒸饼、煮制的汤饼、烤制的胡饼等多个细分种类。其中蒸饼，就是《水浒传》中武大郎所卖的"炊饼"，用蒸笼制作，成品类似今天的馒头，只不过形状略有差异。古代也有"馒头"的叫法，但内有馅，更似今天的包子。明·宋诩《宋氏养生部》中记载了二者的区别：馒头有馅，蒸饼无馅。

炙手三家市，焦头五鼎烹。
老夫饥欲死，女辈且同行。

元修菜

原文 ‖ 东坡有故人巢元修菜诗[1]云。每读"豆荚圆而小,槐芽细而丰"之句,未尝不实搜畦垄间,必求其是。时询诸老圃[2],亦罕能道者。一日,永嘉郑文干自蜀归,过梅边。有叩之,答曰:"蚕豆,即豌豆也。蜀人谓之'巢菜'[3]。苗叶嫩时,可采以为茹。择洗,用真麻油熟炒,乃下酱、盐煮之。春尽,苗叶老,则不可食。坡所谓'点酒下盐豉[4],缕橙芼姜葱'者,正庖法也。"

君子耻一物不知[5],必游历久远,而后见闻博。读坡诗二十年,一日得之,喜可知矣。

注释 ‖ [1]巢元修菜诗:巢谷(约1025—1098年),字元修,北宋眉山(今四川省眉山市)人。其与苏辙同乡,事迹见诸苏辙《巢谷传》。

[2]老圃:老菜农。

[3]巢菜:豌豆豆苗,有大巢菜和小巢菜之分。陆游《巢菜》诗序:"蜀蔬有两巢:大巢,豌豆之不实者;小巢,生稻畦中,东坡所赋元修菜是也。"

[4]盐豉:豆豉。用黄豆煮熟霉制而成,常用作调味品。

[5]君子耻一物不知:君子以一事不知而为耻。

译文 ‖ 苏东坡有首写给故人巢元修的《元修菜》诗,每次读到里面"豆荚圆而小,槐芽细而丰"的句子,我总是要亲自到田垄菜畦里实地察看到底是什么。也曾多次向老菜农询问,却没有人知道。一天,永嘉的郑文干从蜀地回来,路过梅边。我请教他,他回答说:"苏东坡说的就是蚕豆,也就是豌豆。四川人称为'巢菜'。蚕豆苗嫩时,可以采来做蔬菜吃。择洗干净,用麻油炒熟,再加入酱、盐调味。春天过去,苗叶老了,就不能吃了。苏东坡所谓的'点酒下盐豉,缕橙芼姜葱',正是这道菜的做法。"

君子以不知一物为耻,必定游历久远,然后才能见闻广博。我读苏东坡的诗二十年,一日之间忽然明白了答案,喜悦心情可想而知了。

◎ 巢菜汤

作者林洪认为，蚕豆就是豌豆，实际上二者是不同的植物品种。《本草纲目·草部》中分别有"豌豆"条和"蚕豆"条，蚕豆属于野豌豆属植物，其果荚较厚，带有细毛，果粒呈椭圆形，成熟前表皮为绿色，成熟后为黑色。蚕豆的花期在每年的四月份到五月份之间，果实在五月份到六月份成熟。豌豆属于豌豆属植物，其果荚较薄，果皮光滑无毛，成熟前后都为绿色，果实为圆形。豌豆花期在每年的六月份到七月份之间，果实在七月份到九月份生长成熟。蚕豆在我国各地均有栽培，以长江以南为主。豌豆主要分布在我国中部和东北部地区，主要产地有四川、河南、湖北、江苏、江西等多个省区。蚕豆、豌豆的幼苗均可食用，而本文苏东坡所谓的"巢菜"应该是蚕豆的幼苗，也就是《本草纲目》中的"薇"。《诗经》记载："采薇采薇，薇亦作止"，这里的薇就是巢菜。巢菜在田间地头十分常见，人们很容易采集到，故而是古代时候人们常吃的一种野蔬，也是荒年间的救荒野菜。巢菜的嫩茎叶作为野菜食用，味道十分不错，做汤或清炒均可，营养价值也挺高。除做野菜食用外，也是民间常用的药用植物。现在人们吃的已是经过改良的豌豆品种，其幼苗也是饭桌上的常见蔬菜。

□ 薇

又称垂水、野豌豆、大巢菜。《本草纲目》说：薇，似藿，是蔬菜中的下品。又叫野豌豆。因为是微贱之人的食物，所以叫"薇"。薇生长在麦田中，平原沼泽里也有。《诗》中说："山中有蕨薇"，这里所说的不是水草，而是现在的野豌豆，蜀人称为"巢菜"。薇的茎蔓生，茎、叶的气味都同豌豆一样，其叶做蔬菜和煮羹都适宜。薇味甘，性寒，无毒。主久食不饥，调中，利尿，去水肿。

□ 豌豆

《本草纲目》说：豌豆苗柔弱，弯弯曲曲，因此得名。八九月间下种，豆苗像攀援缠绕的蔓草，有须。叶像蒺藜的叶子，两片对生，嫩的时候可以吃。三四月间开淡紫色小花，结的豆荚约一寸长，果实呈圆形。各种杂粮之中，首推豌豆。豌豆味甘，性平，无毒。清煮吃，治消渴，除去呕吐，止下泄痢疾。可调颜养生，益中平气，催乳汁。用豌豆粉洗浴，可去除污垢，使人面色光亮。元代时常与羊肉同吃，补中益气。

⊙ 文中诗赏读

元修菜（并叙）

〔北宋〕苏轼

菜之美者，有吾乡之巢，故人巢元修嗜之，余亦嗜之。元修云：使孔北海见，当复云吾家菜耶？因谓之元修菜。余去乡十有五年，思而不可得。元修适自蜀来，见余于黄，乃作是诗，使归致其子，而种之东坡之下云。

> 彼美君家菜，铺田绿茸茸。
> 豆荚圆且小，槐芽细而丰。
> 种之秋雨余，擢秀繁霜中。
> 欲花而未萼，一一如青虫。
> 是时青裙女，采撷何匆匆。
> 烝之复湘之，香色蔚其饛。

点酒下盐豉,缕橙芼姜葱。
那知鸡与豚,但恐放箸空。
春尽苗叶老,耕翻烟雨丛。
润随甘泽化,暖作青泥融。
始终不我负,力与粪壤同。
我老忘家舍,楚音变儿童。
此物独妩媚,终年系余胸。
君归致其子,囊盛勿函封。
张骞移苜蓿,适用如葵菘。
马援载薏苡,罗生等蒿蓬。
悬知东坡下,堆卤化千钟。
长使齐安人,指此说两翁。

紫英菊

原文 ‖ 菊,名"治蔷"[1],《本草》名"节花"。陶注[2]云:"菊有二种,茎紫,气香而味甘,其叶乃可羹;茎青而大,气似蒿[3]而苦,若薏苡[4],非也。"今法:春采苗、叶,略炒,煮熟,下姜、盐,羹之,可清心明目。加枸杞叶,尤妙。

天随子[5]《杞菊赋》云:"尔杞未棘,尔菊未莎,其如予何。"《本草》:"其杞叶似榴而软者,能轻身益气。其子圆而有刺者,名枸棘[6],不可用。"杞菊,微物也,有少差[7],尤不可用。然则,君子小人,岂容不辨哉!

注释 ‖ [1]治蔷:菊花。《尔雅》:"蘜,治蔷。"郭璞注:"今之秋华菊。"
[2]陶注:指陶弘景所作《神农本草经集注》。陶弘景(456—536年),字通明,自号华阳隐居,谥贞白先生,丹阳秣陵(今江苏南京)人。南朝齐、梁时道学者、炼丹家、医药学家。
[3]蒿:多年生或二年生草本植物,如青蒿、茵陈蒿等。均可供药用。
[4]薏苡:植物名。属禾本科,花生于叶腋,果实椭圆,果仁叫薏米,白色,可杂米中做粥饭或磨面。也可入药。
[5]天随子:陆龟蒙(?—约881年),字鲁望,自号天随子、甫里先生、江湖散人,长洲(今江苏苏州)人。唐代诗人、农学家,著有《耒耜经》《吴兴实录》《小名录》等,收入《唐甫里先生文集》。
[6]枸棘(gǒu jí):灌木名,似枸杞。《本草纲目·木三·枸杞》(集解)引苏颂:"今人相传谓枸杞与枸棘二种相类,其实形长而枝无刺者,真枸杞也。圆而有刺者,枸棘也,不堪入药。"
[7]差:差别。

译文 ‖ 菊花,又叫治蔷,《本草》里的名字叫节花。陶弘景《神农本草经集注》说:"菊花有两种,紫色茎的,气香味甘,它的叶子才可以做羹;茎是青色的而且较粗大的菊花,气味有蒿的苦味,像薏苡一样,是不能吃的。"现在的做法是:春天采菊花的苗、叶,略炒一下,煮熟,加姜、盐,做成羹食用,可以清心明目。再加点枸杞叶,就更好了。

□ 菊

又称节花、女节、治蔷等。《本草纲目》说：菊的种类共有一百多种，宿根自己生长，茎、叶、花、色各不相同。春生夏茂，秋华冬实，饱经霜露，备受四季之气。叶枯不落，花槁不谢。味兼甘苦，性平，药食两用，可补肺肾二脏，治头及眼的各种风热。黄菊能滋阴，白菊能壮阳，红菊能行妇人血。它的苗可做蔬菜，叶可生吃，花可做糕饼，根及种子可入药。装入布袋内可做枕头，蜜酿后可做饮品。味苦的菊不能食用，做食品须用甘菊，入药则各种菊都可以，但不能用野菊（苦薏）。真菊延年，野菊伤人。

天随子的《杞菊赋》说："尔杞未棘，尔菊未莎，其如予何。"《本草》里说："枸杞的叶子像榴叶且比较柔软，吃了能轻身益气。结的子是圆的且有刺的，叫枸棘，不能食用。"枸杞和菊花，都是微不足道的东西，稍微有点差别，就不可以食用。那么，君子和小人，又怎能不加以辨别呢！

◎ 菊花火锅

菊花火锅产生于清末，其创始人是热衷于养颜的慈禧太后。做法如下：

先采一种叫作雪球的白菊，随吃随采。拣出那些焦黄的或沾有污垢的花瓣丢掉，将留下的浸在温水内漂洗一二十分钟，然后取出放在已溶有稀矾的温水内漂洗，再捞起放在竹篮里沥净。吃的时候，先准备原汁鸡汤或肉汤装在暖锅中，以及准备已去掉皮骨、切得很薄的生鱼片或生鸡片，外加少许酱醋盛在几个浅浅的小碟子里。先将鱼片或肉片投入汤内盖上盖子，约摸过五六分钟把盖子揭起，将备好的菊花瓣酌量抓一把投下去，接着仍把锅盖盖上，再等候五六分钟即可食用。

——清·裕德龄《御香缥缈录》

枸杞子 甘平而且润，性滋而且补，有壮筋骨，补肾润肺、生精益气的作用。

苗 叫作天精，味苦甘而凉，适宜上焦心肺实热病症。

根 叫作地骨，适宜下焦肝肾虚热病症。拌面煮熟，去肾风，益精气。

□ **枸杞**

又称枸棘、苦杞、天精、地骨、地仙等。《本草纲目》说：枸杞到处都有生长，春天生苗叶，如石榴叶软薄可以吃。其茎干高三五尺，丛生状。六七月开小红紫花，随后便结红色的果实，形状微长如枣子的核。

◎ **金髓煎**

选取颜色红艳成熟的枸杞子，不限数量。将枸杞子放入不渗水的容器内，加入无灰酒，稍没过枸杞子，冬天泡六天，夏天泡三天。将用酒浸泡后的枸杞子放入陶制的盆中捣成泥状，用布袋绞取枸杞汁，将此汁与浸泡枸杞的酒混合后放入陶器，用文火熬成膏，装入干净的瓷制容器中封贮好，再放入锅中隔水煮一天，金髓煎就做好了。每次吃的时候取出一汤匙，加入少量的酥油，用温热的酒冲服。金髓煎能延年益寿，填精补髓。长期服食可以使白发变黑，返老还童。

——元·忽思慧《饮膳正要》

◎ 甘菊冷淘

前文所述的"冷淘"是古代的一种夏令消暑食品，类似于我们今天吃的过水冷面。以嫩槐叶捣汁和面制作而成者叫作"槐叶冷淘"，那么以甘菊花捣汁和面制作而成的就叫作"甘菊冷淘"了。"甘菊冷淘"产生于宋代，诗人王禹偁极爱吃这种食品，曾有"淮南地甚暖，甘菊生篱根。长芽触土膏，小叶弄晴暾。采采忽盈把，洗去朝露痕。俸面新且细，搜摄如玉墩。随刀落银缕，煮投寒泉盆。杂此青青色，芳草敌兰荪"的诗句来歌颂它。具体做法是：

用甘菊花捣汁和面制成细面条，煮熟后放在冷水中浸泡后捞起，以熟油浇拌，然后放入井中或冰窖中冷藏。食用时加入佐料调味。

⊙ 文中诗赏读

杞菊赋并序
〔唐〕陆龟蒙

天随子宅荒少墙，屋多隙地，著图书所，前后皆树以杞菊。春苗恣肥，日得以采撷之，以供左右杯案。及夏五月，枝叶老硬，气味苦涩，旦暮犹责儿童辈拾掇不已。人或叹曰："千乘之邑，非无好事之家，日欲击鲜为具以饱君者多矣。君独闭关不出，率空肠贮古圣贤道德言语，何自苦如此？"生笑曰："我几年来忍饥诵经，岂不知屠沽儿[1]有酒食邪？"退而作《杞菊赋》以自广云。

惟杞惟菊，偕寒互绿，或颖或苕。烟披雨沐，我衣败绨，我饭脱粟，羞惭齿牙，苟且粱肉，蔓衍骈罗，其生实多。尔杞未棘，尔菊未莎。其如予何，其如予何？

注释 ‖ [1]屠沽儿：以屠牲、沽酒为业者。亦用作对出身微贱者的蔑称。

银丝供

原文 ‖ 张约斋镃[1]，性喜延山林湖海之士。一日午酌，数杯后，命左右作银丝供，且戒[2]之曰："调和教好，又要有真味。"众客谓："必脍[3]也。"良久，出琴一张，请琴师弹《离骚》[4]一曲。众始知银丝乃琴弦也；调和教好，调弦也；又要有真味，盖取陶潜"琴书中有真味"[5]之意也。张，中兴勋家[6]也，而能知此真味，贤矣哉！

注释 ‖ [1]张约斋镃：张镃（1153—约1235年），字时可，改字功父，又作功甫，自号约斋，祖籍秦州成纪（今甘肃天水），生长于临安（今浙江杭州）。南宋文学家，著有《玉照堂词》一卷，《全宋词》存词八十四首。

[2]戒：叮嘱，告诫。

[3]脍：切得很细的鱼或肉。

[4]《离骚》：战国时期屈原创作的诗篇，是古代诗歌史上最长的浪漫主义抒情诗，开创了中国文学史上的"骚体"诗歌形式。

[5]琴书中有真味：陶潜《归去来兮辞》中有"悦亲戚之情话，乐琴书以消忧"之句。后苏轼《哨遍·为米折腰》亦有"噫！归去来兮。我今忘我兼忘世。亲戚无浪语，琴书中有真味"。苏轼在仕途中屡受挫折，这篇改写之作表达了其向往心灵解脱的志趣。

[6]中兴勋家：张镃是南宋南渡名将张俊的曾孙，故称中兴勋家。

译文 ‖ 张约斋性喜和山林湖海之人交往。一天中午喝酒，数杯过后，吩咐人去准备"银丝供"，并且叮嘱说："一定要调和好，还要有真味。"客人们都以为一定是脍之类。过了很久，搬出一张古琴，请琴师弹了一曲《离骚》。众人才明白所谓的"银

□ **妇女剖鱼雕砖　北宋**

鱼是宋人钟爱的食材之一。北宋商品经济发达，渔业繁荣，为宋代的饮食增添了一份鲜美。下图中的妇女头梳高髻，着围裙，正在挽袖，而案板上正摆着一条待剖的鲜鱼。案板右旁摆放着剖鱼的工具，桌边有小炉灶，火苗正旺，锅里的水已经沸腾，只待鱼儿下锅。

丝"就是琴弦;"调和好"是指调琴弦,"要有真味",就是取陶潜《归去来兮辞》中"琴书中有真味"的意思。张氏,出身于中兴名臣之家,却能知道这种"真味",真是贤人啊!

凫茨[1]粉

原文 ‖ 凫茨粉，可作粉食，其滑甘异于他粉。偶天台[2]陈梅庐见惠[3]，因得其法。

凫茨，《尔雅》[4]一名芍。郭[5]云："生下田，似曲龙而细，根如指头而黑。"即荸荠[6]也。采以曝干，磨而澄滤之，如绿豆粉法。后读刘一止[7]《非有类稿》，有诗云："南山有蹲鸱[8]，春田多凫茨。何必泌之水[9]，可以疗我饥。"信乎可以食矣。

注释 ‖ [1]凫（fú）茨：荸荠。《后汉书·刘玄传》：王莽末，南方饥馑，人庶群入野泽，掘凫茨而食之。李贤引郭璞曰："生下田中，苗似龙须而细，根如指头，黑色，可食。"

[2]天台：地名，在今浙江天台北。

[3]见惠：感谢相赠的谦辞。

[4]《尔雅》：我国第一部按义类编排的综合性辞书，它不仅是辞书之祖，还是"十三经"之一。《尔雅》的意思是接近、符合雅言，即以雅正之言解释古汉语词、方言词，使之近于规范。

[5]郭：郭璞（276—324年），字景纯，河东郡闻喜县（今山西闻喜）人，建平太守郭瑗之子。两晋时期著名的方士、文学家、训诂学家。

[6]荸荠：《本草纲目》中称乌芋、凫茨、芍等，俗称马蹄。多年生草本植物，多栽培在低洼地，地下茎呈扁圆形，皮为赤褐色或黑褐色，肉为白色，可作蔬菜或水果，也可制淀粉。

[7]刘一止（1078—1160年）：字行简，号苕溪，祖籍湖州归安（今浙江湖州）。进士出身，累官秘书省校书郎、给事中等职，后因与秦桧交怨而罢官。其博闻强识，文思敏捷，有《苕溪词》行世。

[8]蹲鸱（chī）：芋头的别称。晋·左思《蜀都赋》："㽂野草昧，林麓勤劬，交让所植，蹲鸱所伏。"刘逵注："蹲鸱，大芋也。"

[9]泌之水：《诗经·陈风·衡门》："衡门之下，可以栖迟。泌之洋洋，可以乐饥。"意思是简陋的木门下也可以栖息，泌丘的泉水翻涌也可以用来充饥。宋代诗人高斯得《次韵徐景说赠安象祖》："独惭托我非所任，泌水洋洋能疗饥。"

□ 乌芋

又称凫茨、荸荠、黑三棱、芍、地栗等。《本草纲目》说：生长在浅水田中，其苗三四月出土，一茎直上，无枝叶，形状如龙须。根白嫩，秋后结果，大如山楂、栗子，而脐丛毛累累向下伸入泥中。野生的，色黑而小，食时多渣。种植的，色紫而大，食时多汁。乌芋味甘，性微寒，无毒。主消渴，祛体内痹热，温中益气。开胃消食，饭后宜食此果。

译文 ‖ 凫茨粉，可做粉食食用，其滑爽甘甜，是其他粉食比不上的。偶然有一次天台的陈梅庐送了些给我，因此知道了它的做法。

凫茨，《尔雅》里又名芍。郭璞说："生在低洼的田里，样子似龙须而细，根似指头而黑。"也就是现在的荸荠。采摘后晒干，磨成粉滤汁，就像做绿豆粉那样。后来读刘一止的《非有类稿》，里面有诗说："南山有蹲鸱，春田多凫茨。何必泌之水，可以疗我饥。"证明它确实是可以吃的。

⊙ 文中诗赏读

南山有蹲鸱一首示里中诸豪

〔宋〕刘一止

南山有蹲鸱，春田多凫茈。
何必泌之水，可以乐我饥。
六师拥行在，闾巷屯虎貔。
民食尚可纾，军食星火移。
努力输县官，无乏辕门炊。

所愿将与士，感此艰食时。
忠义发饫腹，向敌争先之。
驱逐狐鼠群，宇县还清夷。
我辈死即休，粒米不敢私。

薝卜煎 又名端木煎

原文 ‖ 旧访刘漫塘宰[1]，留午酌，出此供，清芳，极可爱。询之，乃栀子花也。采大者，以汤灼[2]过，少干，用甘草水和稀面，拖油煎之，名"薝卜[3]煎"。杜诗云："于身色有用，与道气相和。"今既制之，清和之风备矣。

注释 ‖ [1] 刘漫塘宰：刘宰（1167—1240年），字平国，号漫塘病叟，镇江金坛（今属江苏）人。绍熙元年（1190年）进士。隐居三十年，于书无所不读，文风淳古。著有《京口耆旧传》九卷、《漫塘文集》三十六卷。
[2] 灼：烧，烫。
[3] 薝（zhān）卜：栀子。《酉阳杂俎》：诸花少六出者，惟栀子花六出，此正众木中未有也。陶贞白云：栀子，剪花六出，剖房七道，其花甚香，即西域薝卜花也。

译文 ‖ 过去拜访刘漫塘，中午留下小酌，主人端上这道菜，清香芬芳，十分讨人喜欢。询问后才知道，是栀子花做的。采大的栀子花，用开水烫一下，稍微晾干，用甘草水和稀面糊，再放到油里煎炸，叫"薝卜煎"。杜甫有诗写道："于身色有用，与道气相和。"看着做好的这道菜，确实清和之味都具备了。

⊙ 文中诗赏读

江头四咏·栀子
〔唐〕杜甫

栀子比众木，人间诚未多。
于身色有用，与道气相和。
红取风霜实，青看雨露柯。
无情移得汝，贵在映江波。

梢 生用治胸中积热，加酒煮玄胡索、苦楝子尤妙。

头 生用能行足厥阴、阳明二经污浊之血，消肿导毒。治痈肿，宜用来制作吐药。

根 味甘，性平，无毒。主治五脏六腑寒热邪气，坚筋骨，长肌肉，倍气力，敷刀伤，久服轻身延年。温中下气，治烦满短气，伤脏咳嗽，止渴，通经脉，利血气，解百药毒，为九土之精，安和七十二种石，一千二百种草。使用时，须去掉头尾尖处，每次用的时候切三寸长的甘草，掰成六七片，盛放入瓷器中，用酒从巳时浸蒸到午时，取出曝干，锉细用。李时珍说：炙甘草要用长流水蘸湿后炙烤，至熟时刮去赤皮，或用浆水炙熟，不能用酥炙、酒蒸。补中宜炙用，泻火宜生用。

□ 甘草

又称蜜甘、蜜草、美草、灵通、国老等。春天的时候生青苗，高一二尺，叶像槐叶，七月开像柰（苹果的一种）一样的紫花，冬天结的果呈角子状，像毕豆。根长的，可以达到三四尺，粗细不定，赤皮，上有横梁，梁下皆细根。采得后去掉芦头及赤皮，阴干后用。如今的甘草有很多种，以坚实断理的最好。轻虚纵理及细韧的，是下品。甘草为君药，能治七十二种乳石毒，解一千二百种草木毒，有调和众药的特性，因此被称为"国老"。

□ 栀子

古名卮子。《本草纲目》说：卮子叶如兔耳，厚而深绿，春荣秋瘁。入夏开花，大如酒杯，白瓣黄蕊。随即结实。薄皮、细子，有须，霜后收。蜀中有红卮子，花烂红色，实染物呈赭红色。卮子味苦，性寒，无毒。主治五内邪气，胃中热气，皮肤化脓。还可除时疾热，泻三焦火。

蒌蒿菜 蒿鱼羹

原文 ‖ 旧客江西林山房书院，春时，多食此菜。嫩茎去叶，汤焯，用油、盐、苦酒沃[1]之为茹[2]。或加以肉臊，香脆，良可爱。

后归京师，春辄思之。偶遇李竹野制机伯恭邻，以其江西人，因问之。李云："《广雅》[3]名蒌，生下田，江西用以羹鱼。陆《疏》[4]云：叶似艾，白色，可蒸为茹。即《汉广》[5]'言刈其蒌'之'蒌'。"山谷诗云："蒌蒿数箸玉横簪。"及证以诗注，果然。李乃怡轩之子，尝从西山[6]问宏词[7]法，多识草木，宜矣。

注释 ‖ [1]沃：浇灌，浸泡。

[2]茹：这里指吃的蔬菜。《文选·枚乘〈七发〉》："秋黄之苏，白露之茹。"

[3]《广雅》：中国古代最早的百科词典，成书于三国魏明帝太和年间，是仿照《尔雅》体裁编纂的一部训诂学汇编，相当于《尔雅》的续篇，全书体例也和《尔雅》相同。其篇目也分为19类，共收词18150个。

[4]陆《疏》：指三国吴陆玑所著的《毛诗草木鸟兽虫鱼疏》，是重要的《毛诗》名物训诂之作，是一部专门针对《诗经》中提到的动植物进行注解的著作，因此有人称它为中国第一部有关动植物的专著。全书共记载草本植物80种、木本植物34种、鸟类23种、兽类9种、鱼类10种、虫类20种，共计动植物176种。对每种动物或植物不仅记其名称及各地异名，且描述其形状、生态和使用价值。

[5]《汉广》：指《诗经·国风·周南·汉广》。

[6]西山：虞璠，字国器。值父亲虞逢病逝，葬于宁国城南西山。虞璠不欲远离，在父墓之侧建草堂，以为读书之所，遂以"西山处士"为号。

[7]宏词：科举考试科目名，始于唐，宋沿置。宋徽宗时改为词学兼茂科，绍兴中改为博学宏词科。

译文 ‖ 旧时客居江西林山房书院，春天时经常吃这道菜。蒌蒿嫩茎去掉叶子，开水焯过，用油、盐、醋浸泡做成小菜。或者加上肉臊，又香又脆，十分令人喜爱。

苗、根 味甘,性平,无毒。主治五脏邪气,风寒湿痹,补中益气,生发乌发,久服轻身,令人耳聪目明,不衰老。

□ 白蒿

又称蘩、蔞蒿、白艾蒿。《本草纲目》说:古人常把这种菜做成酸菜吃,但现在的人只吃蒌蒿,不再吃白蒿了。有人怀疑白蒿就是蒌蒿,而孟诜在《食疗》里提出这是两种植物。白蒿分水、陆两种,形状相似,但长在陆地上的味道辛熏,不如水中的芳香美味。将生白蒿用醋揉搓腌浸做成酸菜吃,很益人。不过,白蒿作为一种时令鲜蔬,宜在春天食用,否则一到春末便失去风味。

后来回到京城,每到春天时就想吃这道菜。偶然和李竹野做邻居,因他是江西人,便向他询问这道菜。李竹野回答说:"就是《广雅》里说的那种'蔞',生在低洼的水田里,江西人用它做鱼羹。陆《疏》里说:叶子形状像艾,白色,可以蒸来食用。也就是《诗经·汉广》里说的'言刈其蒌'的'蔞'。"黄庭坚有诗写道:"蒌蒿数箸玉横簪。"查证其诗的注解,果然是这样。李竹野是李怡轩的公子,曾经向西山先生学"宏词"科,对草木多有了解,他说的应该是正确的。

⊙ 文中诗赏读

诗经·国风·周南·汉广

南有乔木,不可休思。汉有游女,不可求思。

汉之广矣，不可泳思。江之永矣，不可方思。

翘翘错薪，言刈其楚。之子于归，言秣其马。

汉之广矣，不可泳思。江之永矣，不可方思。

翘翘错薪，言刈其蒌。之子于归，言秣其驹。

汉之广矣，不可泳思。江之永矣，不可方思。

过土山寨

〔北宋〕黄庭坚

南风日日纵篙撑，时喜北风将我行。

汤饼一杯银线乱，蒌蒿数箸玉簪横。

玉灌肺

原文 ‖ 真粉[1]、油饼、芝麻、松子、核桃去皮，加莳萝[2]少许，白糖、红曲[3]少许，为末，拌和，入甑[4]蒸熟。切作肺样块子，用辣汁供。今后苑[5]名曰"御爱玉灌肺"，要之[6]，不过一素供耳。然，以此见九重[7]崇俭不嗜杀之意，居山者岂宜侈[8]乎？

□ **核桃**

又名羌桃、胡桃。《本草纲目》说：核桃味甘，性平、温，无毒。吃核桃能使人开胃，通润血脉，健壮润肌，补气养血，润燥化痰，温肺润肠。核桃尤其能黑须发，多吃利小便，去五痔。

□ **红曲**

《本草纲目》说：红曲味甘，性温，无毒。可消食活血，健脾燥胃。酿成酒可活血，治疟疾，跌打损伤，妇女痛经等。

注释 ‖〔1〕真粉：绿豆粉。《本草纲目》说：绿豆粉味甘，性凉、平，无毒。可清热，补益元气，解酒。

〔2〕莳萝：多年生草本植物。其茎叶及果实有茴香味，尤以果实较浓。嫩茎叶可作蔬菜食用，果实可提取芳香油，为调和香精的原料。果实可入药，有驱风、健胃、散瘀、催乳等作用。

〔3〕红曲：菌丝体寄生在粳米上而生成的红曲米。其外皮呈紫红色，内心红色，微酸。药食两用，有健脾消食，活血化瘀之功效。也可制作红酒、腐乳等。

〔4〕甑（zèng）：古代蒸饭的一种器具。

〔5〕后苑：此指皇宫御厨。

〔6〕要之：犹总之。

〔7〕九重：代指帝王。宋玉《九辩》："君之门以九重。"

〔8〕侈：奢侈。

译文 ‖ 真粉、油饼、芝麻、松子、去皮核桃，加少许莳萝和少许白糖、红曲，研成末，拌和在一起，放入锅中蒸熟。切成肺样的小块，蘸着辣汁食用。现今官中把这个菜叫"御爱玉灌肺"，其实，不过就是一道素菜罢了。然而，由此可见皇上崇尚节俭、不爱杀生之意，山野之人又怎应该奢侈呢？

荚 将绿豆荚蒸来吃,可治经久不愈的血痢,效果很好。

种皮 味甘,性寒,无毒。可清热解毒,退眼睛内的白翳。

绿豆粉 味甘,性凉、平,无毒。可清热,补益元气,解酒。治发于背上的痈疽疮肿,烫伤烧伤。还可以治痘疮不结痂,湿烂有腥臭味,将干豆粉扑在患处,很有效。

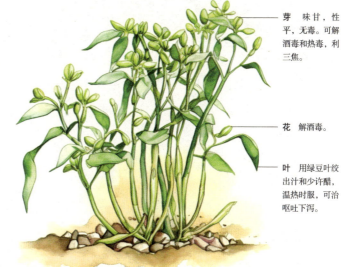

芽 味甘,性平,无毒。可解酒毒和热毒,利三焦。

花 解酒毒。

叶 用绿豆叶绞出汁和少许醋,温热时服,可治呕吐下泻。

□ 绿豆

　　三四月间下种,苗高一尺左右,叶小有细毛,秋天开小花,其豆荚像赤豆荚。颗粒粗大、颜色鲜艳者称为官绿;皮较薄而粉质含量较多、颗粒细小、颜色深者称为油绿;种得早者称为摘绿,可以多次采摘;种得晚者称为拔绿,只能摘一次。在北方用处很广,可用来做豆粥、豆饭、豆酒,烤着吃、炒着吃或磨成面,澄清过滤后取其淀粉,可以用来做糕,皮质酥软;还可用来喂牛喂马。

◎ 松糕(发糕)

　　选用上好的白米饭,洗净泡一天,研磨成细粉。准备一杯面粉、一杯糖水、一杯清水,搅匀后盖严,等它醒发透,放进多层蒸笼蒸熟即可食用。如要吃红色的,就加些红曲末;要吃绿色的,就加些青菜汁;要吃黄色的,就加些姜黄。想做什么颜色的糕就加什么颜色的食材。

——清·李化楠《醒园录》

子　主治肺气，能消食，健脾开胃。还可补肾，壮筋骨。

苗　可下气利膈。

□ 莳萝

又称小茴香等。《本草纲目》说：多年生草本植物，三四月份长苗，花黄色，样子像蛇床花，但是簇生，果实长圆形，有香辛味，子为褐色。现在用来做调味品。味辛，性温，无毒。

进贤菜 苍耳饭

原文 ‖ 苍耳,枲耳[1]也。江东[2]名上枲,幽州[3]名爵耳,形如鼠耳。陆玑《疏》云:"叶青白色,似胡荽[4],白花细茎,蔓生。采嫩叶洗焯,以姜、盐、苦酒拌为茹,可疗风[5]。"杜诗云:"苍耳况疗风,童儿且时摘。"《诗》之《卷耳》[6]首章云:"嗟我怀人,置彼周行[7]。"酒醴[8],妇人之职,臣下勤劳,君必劳之。因采此而有所感念,及酒醴之用,以此见古者后妃,欲以进贤之道讽其君,因名"进贤菜"。张氏[9]诗曰:"闺阃[10]诚难与国防,默嗟徒御困高冈。觥罍[11]欲解痡瘏[12]恨,采耳元因备酒浆。"其子,可杂米粉为糗[13],故古诗有"碧涧水淘苍耳饭"之句云。

注释 ‖ [1]枲(xǐ)耳:卷耳,又称苍耳。《诗经·周南·卷耳》:"采采卷耳。"宋朱熹《集传》:"卷耳,枲耳,叶如鼠耳。"《本草纲目·草四·枲耳》释名引苏颂曰:"诗人谓之卷耳,《尔雅》谓之苍耳,《广雅》谓之枲耳。"

[2]江东:指长江以东地区,长江在自九江往南京一段的皖江为西南往东北走向,故称。古时以左为东,所以江东也叫"江左"。唐朝开元年间,设江南东道于江东地区,此后江东又称"江南"。也泛指长江下游地区。

[3]幽州:古州名,其核心区域位于今北京西南一带。

[4]胡荽(suī):香菜的别名,又名芫荽等。

[5]风:中医学病名,如风痹、半身不遂等。

[6]《卷耳》:指《诗经·周南·卷耳》。

[7]周行(háng):大道。

[8]醴(lǐ):甜酒。

[9]张氏:指张载(1020—1077年),字子厚,祖籍大梁(今河南开封),生于长安(今陕西西安),后侨寓于凤翔眉县横渠镇(今陕西眉县横渠镇)并在该地安家、讲学,世称"横渠先生"。北宋思想家、教育家、理学创始人之一。

[10]闺阃(kǔn):女子内室,借指妇女。

[11]觥罍(gōng léi):觥,古代兽角做的酒器。罍,古代青铜或陶制作

实 味甘,性温,有小毒。可治风寒头痛,风湿麻痹,四肢拘挛痛,恶肉死肌,膝痛。久服益气。治肝热,明目,治一切风气,填髓,暖腰脚,治淋巴结核、疥疮。炒香浸酒服,祛风补益。

茎、叶 味苦、辛,性微寒,有小毒。可治中风、伤寒头疼、麻风、癫痫、湿痹等。

□ 苍耳

又称卷耳、爵耳、地葵、进贤菜、野茄等等。《本草纲目》说:苍耳的叶为青白色,茎柔软而蔓生。秋天结果实,比桑葚短小且多刺。嫩苗煮熟吃,可以充饥。其子炒去皮,研成面,可做成饼吃,也可以熬油点灯。

叶 味辛,性温,微毒。主消食,治五脏,补不足,利大小肠,通小腹气,清四肢热,止头痛。李时珍说:凡服一切补药以及药中含有白术、牡丹的人,不能吃它。

子 味辛、酸,性平,无毒。可消食开胃,解蛊毒治五痔,及吃肉中毒,吐血、便血,可煮汁冷服。又可以用油煎,涂小儿秃疮。能发痘疹,除鱼腥。

□ 芫荽

又叫香荽、胡菜、胡荽等。《本草纲目》说:芫荽初生时茎柔叶圆,根软而白。冬春采来食用,香美可口,也可以将它做成酱菜吃。立夏后开成簇的淡紫色细花。五月结子,大如麻子,有辛香。芫荽作为蔬菜,其子、叶都可食用;如果小儿体质虚弱,在天阴寒冷时,吃一些胡荽非常有好处。但有狐臭、口臭、烂齿和脚气、刀伤的人,都不可吃芫荽,否则病情加重。

的酒器，口小，腹深，有圈足和盖。

〔12〕痡瘏（pū tú）：疲病。语出《诗经·周南·卷耳》："我马瘏矣，我仆痡矣。"

〔13〕糗（qiǔ）：糊状的粉食。

译文 ‖ 苍耳，就是枲耳。江东叫上枲，幽州一带叫爵耳，形状像老鼠耳朵。陆玑在《疏》里说："叶子青白色，似芜荑，开白色的花，细细的茎，蔓生。采其嫩叶洗干净，热水焯过，加姜、盐、苦酒拌成小菜吃，可以治疗风疾。"杜甫诗说："苍耳况疗风，童儿且时摘。"《诗经·卷耳》也说："嗟我怀人，置彼周行。"制作甜酒是妇人的工作，君主用甜酒慰劳勤劳的臣子。因为采卷耳时有所感念，再加上甜酒的作用，以此可以知道古代的后妃以此劝谏君王选用贤才的用意，因此给这个菜起名叫"进贤菜"。张载的诗说："闺阃诚难与国防，默嗟徒御困高冈。觥罍欲解痡瘏恨，采耳元因备酒浆。"卷耳的子，可掺杂在米粉里做成糗，所以古诗有"碧涧水淘苍耳饭"的句子。

⊙ 文中诗赏读

驱竖子摘苍耳

〔唐〕杜甫

江上秋已分，林中瘴犹剧。
畦丁告劳苦，无以供日夕。
蓬莠独不焦，野蔬暗泉石。
卷耳况疗风，童儿且时摘。
侵星驱之去，烂熳任远适。
放筐亭午际，洗剥相蒙幂。
登床半生熟，下箸还小益。
加点瓜薤间，依稀橘奴迹。
乱世诛求急，黎民糠籺窄。
饱食复何心，荒哉膏粱客。

富家厨肉臭，战地骸骨白。

寄语恶少年，黄金且休掷。

诗经·周南·卷耳

采采卷耳，不盈顷筐。嗟我怀人，寘彼周行。

陟彼崔嵬，我马虺隤。我姑酌彼金罍，维以不永怀。

陟彼高冈，我马玄黄。我姑酌彼兕觥，维以不永伤。

陟彼砠矣，我马瘏矣。我仆痡矣，云何吁矣！

卷耳解

〔北宋〕张载

闺阃诚难与国防，默嗟徒御困高冈。

兕罍欲解痡瘏恨，采耳元因备酒浆。

山海兜[1]

原文 ‖ 春采笋、蕨之嫩者,以汤瀹[2]过。取鱼虾之鲜者,同切作块子。用汤泡,暴蒸熟,入酱、油、盐,研胡椒,同绿豆粉皮拌匀,加滴醋。今后苑多进此,名"虾鱼笋蕨兜"。今以所出不同,而得同于俎豆[3]间,亦一良遇[4]也,名"山海兜"。或只羹以笋、蕨,亦佳。许梅屋棐[5]诗云:"趁得山家笋蕨春,借厨烹煮自吹薪。倩谁分我杯羹去,寄与中朝食肉人[6]。"

注释 ‖ [1]兜:兜子。一种类似于烧麦的食物,面皮一般是粉皮或豆腐皮,宋代一种常见小吃,如孟元老《东京梦华录》载有"决明兜子""鱼兜子",吴自牧《梦粱录》载有"江鱼兜子"等。
[2]瀹(yuè):煮。
[3]俎(zǔ)豆:俎和豆,古代祭祀、宴会时盛肉类等食品的两种器皿,亦泛指各种礼器。
[4]良遇:良好的机遇。
[5]许梅屋棐(fěi):许棐,字忱夫,号梅屋。生卒年不详,约宋理宗宝庆初前后在世,海盐(今属浙江)人。嘉熙中(1239年左右)隐于秦溪,筑小庄于溪北,植梅于屋之四檐。有《梅屋诗稿》《融春小缀》等行世。
[6]食肉人:泛指做官的人。《左传·庄公十年》:"肉食者鄙,未能远谋。"杜预注:"肉食,在位者。"

译文 ‖ 春天采摘鲜嫩的竹笋、蕨菜,用热水略煮一下。取新鲜的鱼、虾一同切成块,用开水泡过,大火蒸熟,加入酱、油、盐和研碎的胡椒,然后同绿豆粉皮一块拌匀,再加少许醋。如今宫中御厨多供奉这道菜,名叫"虾鱼笋蕨兜"。因为这道菜原料出产的地方不同,却能同在一个锅中相会,也算是良好的机遇,所以给它起名叫"山海兜"。或者只用竹笋、蕨菜做羹,味道也很好。许棐有诗说:"趁得山家笋蕨春,借厨烹煮自吹薪。倩谁分我杯羹去,寄与中朝食肉人。"

□ 火候 《玉川煮茶图》
明 丁观鹏

如茶道一般，火候也是中餐烹饪中极为重要的一环，火的大小、加热的时长对菜品的最终效果影响甚大，因此火候的把握是衡量厨师经验与技术的一柄重要标尺。宋人十分重视火候的运用。正如美食家苏轼《猪肉颂》曰："净洗铛，少著水，柴头罨烟焰不起，待他自熟莫催他，火候足时他自美。"短短数句即道出了火候对烹制食物的重要性。除对火力的大小、加热时间的长短有所讲求外，宋人在烹饪时对燃料的选择、燃料的用量，以及它们和食肴成熟程度的关系，都已有了系统的认识和丰富的经验。

茎 嫩时可以采来晒干作蔬菜，味道甘滑。

根 呈紫色，皮内有白粉，捣烂洗净，待沉淀后，取粉做饼，或做成粉条吃，味道非常滑美。烧成灰后和油调匀，敷蛇咬伤。

□ 蕨

《本草纲目》说：蕨菜生长于山中，二三月生芽，卷曲的形状如小儿的拳头，长成后则像展开的凤尾，三四尺高。蕨味甘，性寒、滑，无毒，可治突发高热，催眠，补五脏不足。李时珍说：蕨的缺点在于它性冷而滑，利小便，泄阳气，降而不升，耗人真气和元气。平民在荒年时掘取蕨食，但制造不精细，只能用来救荒，所以味道也不美。《诗》说："陟彼南山，言采其蕨。"陆玑说蕨可以用来做祭祀的供品。那么蕨的用途，就不只是救荒了。

◎ 煨蕨菜

用蕨菜，不可爱惜，必须将它的枝叶全部去掉，只取它的嫩茎，洗净煨烂，再用鸡肉汤煨。蕨菜要买那些又矮又弱的才鲜肥。

——清·袁枚《随园食单》

⊙ 文中诗赏读

笋蕨羹

〔宋〕许棐

趁得山家笋蕨春，借厨烹煮自吹薪。

倩谁分我杯羹去，寄与中朝食肉人。

拨霞供

□ 酱

《本草纲目》说：酱味咸，性冷，无毒，可除热止烦，杀百药毒及一切鱼肉、蔬菜毒。陶谷《清异录》中称酱为"八珍主人"（八珍：通常谓龙肝、凤髓、豹胎、鲤尾、鸮炙、猩唇、熊掌、酥酪蝉，后为珍贵食材的通称），意在说明酱在烹饪中的重要作用。所谓无酱不食，也是因为酱有杀饮食百药之毒的作用。面酱有大麦、小麦、甜酱、麸酱等种类，豆酱有大豆、小豆、豌豆及豆油等种类。

□ 兔

《本草纲目》说：兔肉味辛，性平，无毒，可补中益气、祛热气湿痹、止渴健脾，还可凉血、解热毒、利大肠。兔肉冬天吃非常味美，春天吃味道不及冬月。腊月做成酱吃可以治小儿豌豆疮（即天花），又治糖尿病和尿崩引起的消渴。

原文 ‖ 向[1]游武夷六曲[2]，访止止师。遇雪天，得一兔，无庖人[3]可制。师云："山间只用薄批、酒、酱、椒料沃之，以风炉安座上，用水少半铫[4]，候汤响，一杯后，各分以筋，令自夹入汤摆熟，啖之。乃随意，各以汁供。"因用其法，不独易行，且有团栾热暖之乐。

越[5]五六年，来京师，乃复于杨泳斋伯岩[6]席上见此。恍然去武夷，如隔一世。杨，勋家，嗜古学而清苦者，宜此山林之趣。因诗之："浪涌晴江雪，风翻晚照霞。"末云："醉忆山中味，都忘贵客来。"猪、羊皆可。《本草》云：兔肉补中，益气。不可同鸡食。

注释 ‖ 〔1〕向：以前。

〔2〕武夷六曲：武夷，指武夷山，位于江西与福建西北部交界处。属典型的丹霞地貌。六曲，武夷山九曲溪中最短的一曲，但景致尤胜。

〔3〕庖人：厨师。

〔4〕铫（diào）：煮开水、熬食物用的器具。

〔5〕越：过了。

〔6〕杨泳斋伯岩：杨伯岩（？—1254年），字彦瞻，号泳斋。淳祐年间，除工部郎，出守衢州。著有《六帖补》二十卷，《九经韵补》一卷行世。《全宋词》收其词作。

译文 ‖ 以前游武夷山六曲，拜访止止师。遇上下雪天，猎得一兔，却没有厨师烹饪。止止师说："山里的吃法是把兔子切成肉片，只用薄枇、酒、酱和椒料腌渍一下，把风炉安置到桌上，锅里放小半锅水。等水开了一滚后，每人分双筷子，自己夹兔肉放锅里涮着吃。吃的时候，随个人口味蘸调味汁。"因而便用这个法子吃，不仅简单易行，还热乎乎的，有团聚热闹的乐趣。

过了五六年，来到京城，又在杨泳斋家的酒席上见到这种吃法。恍然间距上次去武夷山如隔了一世。杨泳斋，是世家之后，嗜好古学而且秉性清苦，确实适宜这种山林之趣。因而作了首诗："浪涌晴江雪，风翻晚照霞。"最后一句是："醉忆山中味，都忘贵客来。"这种吃法猪肉、羊肉都可以。《本草》说："兔肉补中益气，但是不可与鸡肉同吃。"

◎ 酱

酱在我国已有数千年的历史，《周礼》中已有"百酱"之说，可见在周之前就已有酱的发明。张岱在《夜航船》中说"成汤作醢"，醢就是最早的肉酱。这种肉酱又称"醯"。《说文》："醯：酱也。酱：醢也。从肉从酉，酒以和酱也。"因为酱是酒、肉和盐在一起交合而成，滋味好，所以酱刚开始时并非作为调料，而是一种重要的食品。到周代人们发觉草木之属都可以为酱，于是酱的品类日益增多，贵族们每天的膳食中，酱占了很重要的地位。以下介绍几种常见的酱料制法：

清酱

汉·崔寔《四民月令》记载："至六七月之交，分以藏瓜，可以作鱼酱、肉酱、清酱。"此处的清酱即是酱油，直到清代才明确指出"清酱即酱油"（《顺天府志》）。酱油的发明对中国饮食的风味产生了巨大的影响，做法有：

方法一：

把黄豆搓去外皮，挑出一斗干净的豆子，放入六斤盐，加水要比平常多一些。待到发酵完成的时候，豆子沉在下面，浮在上面的就是酱油。

——元·韩奕《易牙遗意》

方法二：

将黑豆煮到很烂，捞出晾至温热。加上白面拌匀（每一斗黑豆配三斤白面，至多不要超过五斤），然后摊开约半寸厚，上面用布盖好（用席子、草垫盖也可以）。等发酵长毛了，晒七天，天气热的话就晒五六天，天气凉也不能超过六七天，毛长得越多越好，但要注意不能让它腐烂了。要是遇上好天气，就用冷茶汤拌湿再晒干（用茶汤拌，是想使酱味甜，不讲究次数，但越多越好）。以每一斤豆黄配十四两盐、四斤水的比例，将盐和水煮开，澄清去掉底渣，晾凉。再把豆黄放入盐水里，泡晒四十九天。如果要想酱有香味，可以加入少许香菇、大茴香、花椒、姜丝、芝麻。捞出泡了一次的母豆子和豆渣，与盐水一同再熬，加适量的水（每斤水加三两盐）。再捞出泡了二次的母豆子和豆渣，再加盐水再熬，去渣。再把用了一两次的水放到一起拌匀，要么再晒几天，要么用糠火熏至沸腾，都可以。

——清·李化楠《醒园录·卷上》

方法三：

挑一斗干净的黄豆加水煮熟（豆色以变红为准），水要没过黄豆。连同豆汁一并盛出。每一斗黄豆配二十四斤白面，与汤豆一起拌匀，用竹筲、柳筲分别盛好摊开，并拍结实。把筲放在没有风的屋里，上面盖上稻草。发酵七天后，去掉稻草，连同筲一起搬到外面晒。晚上收回来，第二天再晒，晒够十四天。如遇上阴雨天气，就要补足十四天的数，以晒得特别干为标准，这就是做酱黄的方法。

——清·李化楠《醒园录·卷上》

方法四：

将洗干净的小麦加水煮熟，闷干后取出，铺在大扁内。放在正午的太阳下晒，不时用筷子翻动、搅拌到半干。然后把大扁抬进阴凉的屋内，上面再用大扁压好。三天后，如果天气太热，麦气旺，白天就把大扁揭开，夜里继续盖密；如果天不热，麦气不旺，白天把大扁打开一条缝就行；如天气虽然热但麦气不热，盖严即可，千万不能漏气。七天后取出晒干。如果一斗小麦发出了加倍的分量，那就是发尽了。把它当作麦黄，可不用淘米水漂洗、晒干，就带绿毛。每斤配四两盐、十六碗水。先烧开盐水，澄清，晾凉，泡麦黄，放在大太阳下晒干，再添开水至原来的量，不时地搅动直到变为红色，把卤滤出。卤汁下锅，加入香菇、八角、茴香、花椒（取整蕊）、芝麻（用袋装好），一并烧至三四开，加一小瓶好的老酒再烧开，装进罐里备用。渣子再加适量盐水烧开（和之前的方法一样），变红后，下锅再烧开数次，收贮好，就可当调料用。

——清·李化楠《醒园录·卷上》

大豆酱

用黄豆一斗，煮糜烂，搓揉如泥，用麦面三斗拌匀，在竹笆或芦席上摊开，发酵三昼夜。等到其热如火，湿气尽出，色黄如金时，将其连同盐十斤、井水四十斤放入缸内，在三伏天的烈日下曝晒，一个月的时间味道就好了。

——明·李时珍《本草纲目·第八卷·谷部》

甜面酱

用小麦面和匀切成片，蒸熟罨黄（掩盖发酵物，保温保湿，以利霉菌发育，长成黄色孢子），再装在簸箕中晒干，每十斤加盐三斤、凉开水二十斤，晒出味道即可。

——明·李时珍《本草纲目·第八卷·谷部》

骊塘羹

原文 ‖ 曩[1]客于骊塘书院[2],每食后,必出菜汤,清白极可爱。饭后得之,醍醐[3]甘露[4]未易及此。询庖者,只用菜与芦菔,细切,以井水煮之烂为度。初无他法。后读东坡诗,亦只用蔓菁[5]、萝菔[6]而已。诗云:"谁知南岳老,解作东坡羹。中有芦菔根,尚含晓露清。勿语贵公子,从渠嗜膻腥。"从此可想二公之嗜好矣。今江西多用此法者。

注释 ‖ [1]曩(nǎng):从前,过去的。

[2]骊塘书院:指危稹创办的龙江书院。危稹(1158—1234年),原名科,字逢吉,自号巽斋,又号骊塘,抚州临川(今属江西)人,南宋文学家、诗人。淳熙十四年(1188年)进士,在漳州任职时创办"龙江书院",亲自讲学,广受郡人尊敬。著有《巽斋集》。

[3]醍醐(tí hú):本指酥酪上凝聚的油。《大般涅槃经·圣行品》:"譬如从牛出乳,从乳出酪,从酪出生酥,从生酥出熟酥,从熟酥出醍醐。醍醐最上。"这里指美酒。

[4]甘露:甘美的露水。《老子》:"天地相合,以降甘露。"古人认为甘露是吉祥的象征,是长生不老的仙水。

[5]蔓菁:植物名。十字花科,一年或二年生草本植物。叶缘略有缺刻,春日开黄花,根长圆多肉,花、叶俱可供食用。

[6]萝菔:萝卜。

译文 ‖ 从前在骊塘书院读书时,每次饭后,必定端出一种菜汤,颜色又清又白,十分可爱。饭后喝之,即使醍醐、甘露也比不上。询问厨师,只用把青菜和萝卜切细,用井水煮烂为止。最初没发现还有别的方法。后来读苏东坡的诗,也只是用蔓菁、萝卜而已。苏东坡的诗说:"谁知南岳老,解作东坡羹。中有芦菔根,尚含晓露清。勿语贵公子,从渠嗜膻腥。"由此可知二公对这种菜汤有多么喜爱了。如今江西一带多用这种方法。

花 味辛,性平,无毒。可治虚弱、疲劳、视力差。久服使人长寿,可夜间视物。

根、叶 味苦,性温,无毒。经常吃通中焦,消食,下气止嗽,清热解渴。

子 味辛、苦,性平,无毒。可明目,疗黄疸,利小便。加水煮成汁服用,可以除腹内痞块积聚,服少许,可治霍乱引起的胸腹胀闷。研成末服用,可治视物模糊不清。榨成油调入面膏中,可以祛脸上的黑斑和皱纹。子和油敷,可治蜘蛛咬伤。把子做成药丸服用,令人健壮。妇人尤其适用。

□ 芜菁

又名蔓菁、诸葛菜等。《本草纲目》说:芜菁南北方都有,北方尤其多,一年四季常生。春天吃苗,夏天吃叶心,秋天吃茎,冬天吃根。

◎ 东坡羹

本文骊塘羹的做法其实就是水煮青菜和萝卜,其要是用井水煮烂。苏东坡在其诗《狄韶州煮蔓菁芦菔羹》中提到的"东坡羹"与之有异曲同工之妙,做法是:

东坡居士所煮菜羹,不用鱼肉五味,有自然之甘。其法以菘若蔓菁、若萝菔、若荠,揉洗去汁,下菜汤中,入生米为糁,入少生姜,以油碗覆之其上,炊饭如常法,饭熟,羹亦烂可食。

苏东坡又有《菜羹赋》,方法也是"煮蔓菁、芦菔、苦荠而食之"。

——宋·苏轼《东坡羹引》《菜羹赋》

◎ 醍醐油

取质量上等的酥油一千斤以上,放入锅中煎熬,用纱布过滤掉渣滓,装入洁净的大瓷瓮中贮存起来。在寒冷的冬季,取出大瓷瓮中未曾冻结的那部分酥油,这就是所谓的醍醐油。

——元·忽思慧《饮膳正要·卷二·诸般汤煎》

⊙ 文中诗赏读

狄韶州煮蔓菁芦菔羹

〔北宋〕苏轼

我昔在田间,寒庖有珍烹。
常支折脚鼎,自煮花蔓菁。
中年失此味,想像如隔生。
谁知南岳老,解作东坡羹。
中有芦菔根,尚含晓露清。
勿语贵公子,从渠嗜膻腥。

◎ 古代火锅

火锅是中国独创的美食,古称"古董羹",取食物投入沸水时发出"咕咚"声的谐音为名。古人吃火锅的历史可追溯到三千年前的西周时期,将食物(以肉类为主)通通都丢入鼎内,然后在底部生火,把食物煮熟。与现代意义上的火锅不同,这种火锅本质上是在炖煮食物,直到宋代,才有了与现代几无二致的"涮火锅"的记载,也就是文中所说的"拨霞供"。

银"寿"字火锅 清

有盘鼎 西周

分格鼎 西汉

四神兽染炉 汉

汤底

明朝中后期以前,火锅的汤底都为肉蔬煮成的清汤,这是因为辣椒、胡椒等调味香料尚未传入中国。明中后期辣椒传入中国以后,才渐渐开始出现麻辣味汤底,而现代意义上的"红汤"则大致出现于清代的道光年间。清末,北京民间流行铜锅涮羊肉,用的是清水铜锅,锅底至多放点葱段、姜片、口蘑丝等,为的是最大程度保留羊肉的鲜味。

蘸料

  正如本文作者林洪所描述的"山间只用薄枇、酒、酱、椒料沃之……，各以汁供"。古人吃火锅时通常需要蘸料佐餐，如汉人吃火锅时，常用铜炉上置耳杯盛酱料，再将肉放入酱中烹煎（其酱叫"染"，所用器具即"染器"）。蘸料的种类很多，最早可见于《周礼》郑注，其中记载了正式场合使用的"七菹"，即用韭、菁、茆、葵、芹、苔、笋制成的七种菜酱。此外还有肉酱、麻酱、胡椒等，种类繁多。

食材

  林洪在文中提到，用"涮"的方法烹饪，"猪、羊皆可"。事实上，在中国古代，羊肉曾有很长一段时间作为主要的肉食，宋代的羊肉消费更是一笔不小的数字，传说宋真宗每日都要宰杀三百五十只羊，而宋神宗时代，有一年采购的羊肉多达四十万斤。除了猪肉、羊肉，山雉等野味也曾是火锅的上等食材。袁枚《随园食单》中曾介绍了"野鸡五法"，其中之一便是"生片其肉，入火锅中，登时便吃，亦一法也，其弊在肉嫩则味不入，味入则肉又老"。由此可见，袁枚深知鸡肉不适合涮食的原因。古人讲究饮食的荤素搭配，涮火锅必定离不开蔬菜。除了本土的萝卜、冬瓜、笋、藕等，唐贞观年间从尼泊尔传入的菠菜、明万历年间从菲律宾引进的红薯、明末传入的土豆、清晚期传入的生菜等，都大大丰富了火锅的配菜单。

真汤饼

原文 ‖ 翁瓜圃[1]访凝远居士，话间，命仆："作真汤饼来。"翁曰："天下安有'假汤饼'？"及见，乃沸汤泡油饼，一人一杯耳。翁曰："如此，则汤泡饭，亦得名'真泡饭'乎？"居士曰："稼穑[2]作，苟无胜食气[3]者，则真矣。"

注释 ‖ 〔1〕翁瓜圃：指翁卷，生卒年不详，字续古，一字灵舒，号瓜圃，乐清（今属浙江）人，南宋诗人。工诗，与赵师秀、徐照、徐玑并称为"永嘉四灵"。
〔2〕稼穑（sè）：农业劳动，此处指农作物。
〔3〕胜食气：意为吃饭时肉食不要超过主食。典出《论语·乡党》："肉虽多，不使胜食气。"

译文 ‖ 翁瓜圃拜访凝远居士，说话间，居士吩咐仆人："去做真汤饼来。"翁瓜圃说："天下难道还有'假汤饼'吗？"等端上来一看，原来是沸水泡油饼，一人上了一杯。翁瓜圃说："如此说来，如果是汤泡饭，也得起名叫'真泡饭'吗？"居士说："只要是田里的农作物所做，没有肉荤，就称得上是真味了。"

◎ **做油饼诸法**

本文说的"真汤饼"就是用热水泡油饼。油饼是民间最常见也最普通的面食之一，但做法多种多样，各有特色。这里介绍几种袁枚《随园食单》中的油饼做法：

蓑衣饼：把干面用冷水调和，水不可多，和好面后揉好擀薄。把薄面卷拢后再次擀薄，上面均匀铺上猪油、白糖，再卷拢擀成薄饼，用猪油煎至金黄色。如果要咸味的，就用葱、椒、盐也可以。这其实是酥油饼的做法，因杭州口音中"酥油饼"与"蓑衣饼"发音相近，故相沿流传至今。

虾饼：准备好生虾肉，加上少许葱花、花椒、甜酒，掺到和好的面中，把面擀成饼，用香油煎熟即可。

糖饼：用糖水和面，起油锅烧热，用筷子把面饼夹入油锅中煎炸。又称"软锅饼"，这是杭州地区的做法。

烧饼：把松子、胡桃仁砸碎，加上碎糖、猪油，和在面中上锅煎。等两面都成金黄色时，再在表面撒上芝麻。做时须用两面锅，里外都能烧火。如果面中再放些奶酥就更好了。

——清·袁枚《随园食单·杂素菜单》

沆瀣[1]浆

原文 ‖ 雪夜,张一斋[2]饮客。酒酣,簿书[3]何君时峰出沆瀣浆一瓢,与客分饮。不觉,酒客为之洒然。客问其法,谓得于禁苑,止用甘蔗、白萝菔,各切作方块,以水煮烂而已。盖蔗能化酒,萝菔能化食也。酒后得此,其益可知矣。《楚辞》有"蔗浆[4]",恐即此也。

注释 ‖ 〔1〕沆瀣(hàng xiè):夜间的水汽,露水。古人谓仙人所饮。《楚辞·远游》:"餐六气而饮沆瀣兮,漱正阳而含朝霞。"
〔2〕张一斋:宋代诗人,生平无考。
〔3〕簿书:本指官署中的文书簿册,这里或指管理簿书的官员。
〔4〕蔗浆:《楚辞·招魂》:"胹(ěr,煮意)鳖炮羔,有柘浆些。"王逸注:"柘,薯蔗也。"

译文 ‖ 一个雪夜,张一斋宴请客人。酒酣之际,簿书何时峰捧出一瓢沆瀣浆,与客人分着喝。不觉中,客人顿时酒醒清爽。客人问他做法,他回答说是

□ **甘蔗**

也称竿蔗、诺。八九月收茎,可留过春天,作果品用。王灼《糖霜谱》载,甘蔗有四种颜色:杜蔗(竹蔗),绿嫩薄皮,味极醇厚,专用做霜;西蔗,做霜色浅;蜡蔗(荻蔗)可做砂糖;红蔗(紫蔗),只可生吃,不能做成糖。《本草纲目》说:甘蔗,是脾之果。味甘、涩,性平,无毒。主下气和中,助脾气,利大肠,消痰止渴,除心胸烦热,解酒毒。还可治呕吐反胃,宽胸膈。蔗浆甘寒,能泻火热。如煎炼成糖,则甘温而助湿热。自古以来就知道蔗浆消渴解酒。但甘蔗炼成的砂糖不能解酒,既经煎炼,只能助酒为热,与生甘蔗浆的本性完全相反。

从皇宫中得到的法子,只用把甘蔗、白萝卜,都切成方块,用水煮烂就行。原来甘蔗能解酒,白萝卜能消食。酒后喝了这种汤,好处可想而知。《楚辞》里的"蔗浆",恐怕就是这种沉瀣浆了。

神仙富贵饼

原文 ‖ 白术[1]用切片子,同石菖蒲[2]煮一沸,曝[3]干为末,各四两,干山药为末三斤,白面三斤,白蜜炼过三斤,和作饼,曝干收。候客至,蒸食,条切。亦可羹。章简公[4]诗云:"术荐神仙饼,菖蒲富贵花。"

注释 ‖ [1]白术:多年生草本植物,可补脾健胃、燥湿利水、止汗安胎。

[2]石菖蒲:多年生草本植物,根茎芳香,可入药。

[3]曝:晒。

[4]章简公:指元绛(1008—1083年),字厚之,钱塘(今浙江杭州)人。天圣八年(1030年)进士及第。知台、福、郓诸州及开封府,任广东、两浙、河北转运使及翰林学士。元丰三年(1080年)加资政殿学士、知青州,四年以太子少保致仕。卒赠太子少师,谥号章简。

□ 白术

又称山蓟、马蓟、山姜等。《本草纲目》说:白术苗高二三尺,叶似棠梨叶,有锯齿状的小刺。嫩苗可吃,多产于吴越间。其味甘,性温,无毒。治风寒湿痹,止汗,除热,消食。做煎饼久服,轻身延年。

根 形状像老姜,苍黑色,肉白有油膏。

叶　逆上气，开心孔，补五脏，通九窍，明耳目。

根　味辛，性温，无毒。可治风寒湿痹、咳逆上气，开心孔，补五脏，通九窍，明耳目。

□ 菖蒲

《本草纲目》说：菖蒲有几种：生于池泽，叶肥，根高二三尺的，是泥菖蒲，白菖也；生于溪涧，叶瘦，根高二三尺的，是水菖蒲；生于水石之间，叶有剑脊的，瘦根密节，高尺余的，是石菖蒲。服食入药需用石菖蒲，其余的都没效果。生于石上，根条嫩黄，紧硬结稠，一寸九节的石菖蒲最好。石菖蒲味辛，性温，无毒。可治风寒湿痹，补五脏，通九窍，常吃益心智，延年益寿。

译文 ‖ 把白术切成片，同石菖蒲一块煮，水沸后捞出晒干，研成末，各取四两；把干山药研成末取三斤，再取白面三斤，炼过的白蜜三斤，一同和面做成饼，晒干后收起来。有客人到，取饼蒸食，切成条食用。也可以做成羹。章简公有诗写道："术荐神仙饼，菖蒲富贵花。"

◎ 山药面

将六斤白面、四两豆粉、十个鸡蛋的蛋清、二合生姜汁、三斤山药煮熟，在研成泥状的山药中加入适量的凉开水，揉成面团，再擀成面皮，切成面条，下锅煮熟捞出。羊肉二脚子，切成钉帽大小的小肉丁儿，加入适量的好肉汤炒熟，浇盖到面条上，最后用适量的葱花、盐调味。

——元·忽思慧《饮膳正要》

根 味甘，性温、平，无毒。可治中焦脾胃之气损伤，补虚弱，除寒热邪气，益气力，长肌肉，滋补肾阴。下气，止腰痛，治虚劳羸瘦，充五脏，除烦热，补五劳七伤，祛冷风，镇心神，安魂魄，补心气不足，开通心窍，增强记忆力，还可强筋骨，治泄精健忘。益肾气，健脾胃，止泄痢，化痰涎，润肤养发。采白根刮去黄皮，浸泡在水里，在水中掺入一点白矾末，放一夜后洗干净，焙干用。

□ 山药

又称土薯、山薯、山芋、薯蓣等。《本草纲目》说：山药如果入药，野生的最好；如做食物，家种的好。四月蔓延生苗。茎紫叶绿，叶有三尖或一尖，像白牵牛叶却更光润。在五六月开花成穗，淡红色，结一簇一簇的荚，荚都由三棱合成，坚硬无果仁。子则长在一边，形状像雷丸（麻盖菌属的可食真菌，在中国作为内服驱虫药使用），大小不一。山药子皮色土黄而肉是白的，把它拿来煮了吃，非常甘滑。山药味甘，性温、平，无毒。可补虚弱，益气力，长肌肉，滋补肾阴。久食山药，可让人耳聪目明，轻身不饥，延年益寿。凡体虚羸弱的人，可多吃山药。

香圆[1]杯

原文 ‖ 谢益斋奕礼[2]不嗜酒,常有"不饮但能看醉客"之句。一日书余琴罢,命左右剖香圆作二杯,刻以花,温上[3]所赐酒以劝客,清芬霭然[4],使人觉金樽玉斝[5]皆埃壒[6]之矣。香圆,似瓜而黄,闽南一果耳。而得备京华鼎贵[7]之清供,可谓得所矣。

注释 ‖ 〔1〕香圆:香橼。宋韩彦直《橘录·香圆》:"香圆木似朱栾,叶尖长,枝间有刺,植之近水乃生。其长如瓜,有及一尺四五寸者,清香袭人。横阳多有之,土人置之明窗净几间,颇可赏玩。"

〔2〕谢益斋奕礼:谢奕礼,南宋中期宰相谢深甫之孙,官至少保、节度使、开府仪同三司,封秦国公,后又追封润王。

〔3〕上:这里指皇帝。

〔4〕霭然:云集的样子,形容香气浓郁。

〔5〕玉斝(jiǎ):玉制的酒器。

〔6〕埃壒(ài):犹尘土。

〔7〕鼎贵:显赫尊贵之人。

□ 佛手柑

又称香橼、枸橼。《本草纲目》说:香橼产于闽广一带,树像朱栾,叶子尖长,枝间有刺。果子形状像人手,所以俗称佛手柑。果的颜色像瓜,未熟时呈绿色,熟了就变黄了。味道甘甜而带辛味,清香袭人。南方人将其雕刻成花鸟,放在几案上以供玩赏。

皮瓤 味辛、甘,无毒。治下气,煮酒喝,可治中风咳嗽。煎水服,治心下气痛。

□ 辋川美景　《辋川别墅图》局部　南宋　赵伯驹

辋川位于唐长安附近蓝田县（今陕西省西安市蓝田县西南），是秦岭北麓的一条川道。这里层峦叠嶂，风光秀丽，是很多文士墨客向往的山川卧游之地，唐代诗人宋之问、王维都曾在此隐居。

上卷

译文 ‖ 谢奕礼虽不爱喝酒，却经常吟诵"不饮但能看醉客"的句子。一天看书弹琴之余，命人用香圆木做成两个杯子，上面刻上花，用这种杯子温皇上赐的御酒，劝客人饮。清香芬芳，让人觉得那些金樽玉杯全成尘土了。香圆，外表像瓜，是黄色的，是闽南的一种水果。却被京城尊贵显赫之家用作清供玩品，也算是适得其所了。

◎ 辋川小样

唐时大臣初次拜官，要向皇帝进献食品，名为"烧尾"。辋川小样是韦巨源举办的"烧尾宴"中的一道大型拼摆美食。

用鲊、鲈脍、脯、腌渍的瓜果和蔬菜，搭配好颜色，用雕刻、切配、拼摆等技法拼摆成各种景物，将辋川美景呈现在餐桌上。如果客人有二十人，就在每个人面前拼装一个景致，合在一起就是微型"辋川图"。

——宋·陶谷《清异录》

◎ 玲珑牡丹鲊

鲊，一种加工鱼类食品，制作方法是将鱼切成薄片，加盐、酒、香料腌制，再与蒸熟的凉米饭隔层装缸或不装缸发酵而成。玲珑牡丹鲊是吴越地区的一种拼摆美食。

用鲊鱼片摆成牡丹的形状蒸，待到熟了，放到盘中，颜色微红，鲜嫩可爱，就像刚刚盛开的牡丹花。

——宋·陶谷《清异录》

◎ 香圆煎

香圆二十个，去掉外皮和种仁，取净果肉，捣成泥状或者绞取汁液备用；白砂糖十斤，炼制纯净。以上原料，一同下入锅中，可酌情加入适量的水。再次煎熬就可以制成香圆煎。

——元·忽思慧《饮膳正要》

◎ 玉露团

一种唐代酥酪雕刻。疑是用玉露霜制成的酥松糕团，上有雕刻木模压印的花纹。

用真豆粉半斤，入锅烘焙，直到没有豆腥味。先用干净龙脑、薄荷一斤，放入甑中，用细绢隔住，在上面放上豆粉，将甑封盖。上锅蒸到顶部熟了，霜粉就做成了。将霜粉取下来，每八两配白糖四两、炼蜜四两，拌匀捣腻，就可以用磨具压印糕饼了。还可以搓成丸子含服，能消痰降火。更可当茶，治上火之症。

——明·高濂《遵生八笺》

◎ 香圆膏

把香圆用刀切开四道缝，先用洗过豆制食品的水浸泡一天一夜，再放入清水中煮熟，捞出后去掉核仁，用白砂糖调拌。多蒸几次，然后捣捶稀烂，就可以制成膏了。

——清·朱彝尊《食宪鸿秘》

◎ 食品雕刻

香圆杯的做法涉及了中国古代烹饪技艺的一个重要组成部分——食品雕刻。食品雕刻，顾名思义是以食品为原材料的一种雕刻艺术。一般选用根茎类蔬菜和各种瓜果，经巧妙构思，雕刻出花卉、动物、人物的造型，大型食品雕刻甚至可拼装出园林风景（如唐代烧尾宴中的"辋川小样"）。食品雕刻按技法可分为立体雕刻、平面雕刻、浮雕、镂刻和拼摆等类。按功能可分为两类：一是仅供观赏，不能食用，即平时所说的"看菜"；一是既可观赏，又可食用。但无论如何划分，食品雕刻都有同一个功能，即给进餐者以美的感官刺激，增进食欲；在一些礼仪性宴席上还可以烘托气氛，提升宴会格调。

内部空间 挖空以盛放菜品。

外皮装饰 雕工的一部分，在用作容器的瓜果表皮上精心雕刻。

其他装饰 由瓜果、花卉等材料摆放、拼插而成。

南瓜盅

龙形雕

萝卜雕

南瓜雕

蟹酿橙

原文 ‖ 橙用黄熟大者，截顶[1]，剜去穰，留少液。以蟹膏肉实[2]其内，仍以带枝顶覆之，入小甑[3]，用酒、醋、水蒸熟。用醋、盐供食，香而鲜，使人有"新酒菊花、香橙螃蟹"之兴。因记危巽斋稹[4]赞蟹云："黄中通理，美在其中。畅于四肢，美之至也。"此本诸《易》[5]，而于蟹得之矣，今于橙蟹又得之矣。

注释 ‖〔1〕截顶：意为将橙子顶部切掉一块。

〔2〕实：填充，塞满。

〔3〕甑（zèng）：古代炊具，底部有许多小孔，放在鬲（lì）上蒸食物。

〔4〕危巽斋稹：指危稹（1158—1234年），南宋文学家、诗人，著有《巽斋集》。

〔5〕本诸《易》：源于《周易》。《易·坤·文言》："君子黄中通理，正位居体，美在其中，而畅于四肢，发于事业，美之至也。"孔颖达《周易正义》："'黄中通理'者，以黄居中，兼四方之色，奉承臣职，是通

□ 橙

《本草纲目》说：橙是橘类中最大的。果实有如碗般大的，经霜早熟，色黄皮厚，香气馥郁。可以做成酸酱；蜜煎，可用糖制成橙丁，用蜜制成橙膏。嗅起来香，吃起来美，是佳果。或者做成汤饮用，可治宿醉。橙皮做酱、醋很香美，食后可散肠胃恶气，消食下气。加糖做的橙丁，甜美，能消痰下气，解酒。本文所说的"蟹酿橙"是将橙子掏空，填满蟹肉，然后上蒸笼蒸熟，蘸着调料进食。蟹肉、橙香彼此融合，其风味之美可想而知。

□ 《菠萝菊蟹页》 清　任伯年

螃蟹自古以来就是非常美味的食物，食蟹也是一种闲情逸致的文化享受，东晋毕卓就曾说："一手持蟹螯，一手持酒杯，拍浮酒池中，便足了一生。"

晓物理也。''正位居体'者，居中得正，是正位也；处上体之中，是居体也。黄中通理，是'美在其中'。有美在于中，必通畅于外，故云'畅于四肢'。四肢犹人手足，比于四方物务也。外内俱善，能宣发于事业。所营谓之事，事成谓之业，美莫过之，故云'美之至'也。"

译文 ‖ 选用个大、发黄熟透的橙子，在顶部截去一小块，把瓤剜出来，少留点汁液。将蟹膏肉填进去，仍然用截下来的带枝顶盖盖住，放进小锅里，用加了酒、醋的水蒸熟。食用时蘸醋、盐，十分鲜美香甜，让人顿生新酒、菊花、香橙、螃蟹之雅兴。记得危巽斋曾称赞蟹说："黄中通理，美在其中。畅于四肢，美之至也。"这种说法来自《周易》，在蟹上得到体现，现在又在"酿橙蟹"上得到体现。

◎ 蜜橙

把每个脆橙子切成四角状，用水煮掉七八分的酸味，压扁后浸泡在蜜里，隔水蒸煮。晒干，收贮起来。要捻掉核后蒸煮，晒的时候要一直等到浓汁干了才行。

——元·韩奕《易牙遗意》

◎ 橙饼

把大橙子连皮切成片，去掉核，捣烂，绞成汁。稍微加一点水，加入少量白面一起熬。再把橙饼面提放到锅里熬熟，加入白糖，再赶快提出来，放到瓷盆里，冷却后切成片食用。

——清·顾仲《养小录》

◎ 橙糕

把橙子四面用刀切破，放到热水中煮熟。煮熟后取出橙子，去核捣烂，加入白糖，用纱布沥出汁来，盛在瓷盘里。然后再用火炖，放凉后凝结成型，就可以切着吃了。

——清·顾仲《养小录》

莲房[1]鱼包

原文 ‖ 将莲花中嫩房去穰截底,剜穰留其孔,以酒、酱、香料加活鳜鱼块实其内,仍以底坐甑内蒸熟。或中外涂以蜜,出碟,用渔父三鲜供之。三鲜,莲、菊、菱汤齑也。

向在李春坊[2]席上,曾受此供。得诗云:"锦瓣金蓑织几重,问鱼何事得相容。涌身既入莲房去,好度华池独化龙。[3]"李大喜,送端研[4]一枚、龙墨五笏[5]。

注释 ‖〔1〕莲房:莲蓬。莲花开过后的花托,呈倒圆锥形,有许多小孔,各孔分隔如房,故名。

〔2〕春坊:指太子住的东宫或东宫官员。

〔3〕涌身既入莲房去,好度华池独化龙:此句化用阿修罗逃入藕孔中的典故。阿修罗为印度传说中的恶神,常与帝释天争斗,后战败躲入藕孔中。《佛说观佛三昧海经》记载:"时阿修罗耳鼻手足一时尽落,令大海水赤如绛汁。时阿修罗即便惊怖,遁走无处,入藕丝孔。"黄庭坚《补陀岩颂》也提及此事:"修罗身量等须弥,入藕丝孔逃追北。"

〔4〕端研:端砚,产于广东肇庆,中国四大名砚之一。端砚以石质坚实、润滑、细腻、娇嫩而驰名于世,已有一千三百多年的历史。

〔5〕笏(hù):本指笏板,这里做量词,指成锭的东西。

译文 ‖ 将嫩莲蓬挖出瓤肉,切去底部,挖瓤时留着孔,将活鳜鱼块同酒、酱、香料拌和,一起塞入莲蓬洞孔内。再用切下来的底封住,放入蒸锅中蒸熟。或者里外涂上蜜,盛于碟中,用渔夫三鲜作调味品食用。三鲜,指的是莲、菊、菱做的汤汁。

以前我在李春坊酒席上曾享用过这道菜,当时作诗道:"锦瓣金蓑织几重,问鱼何事得相容。涌身既入莲房去,好度华池独化龙。"李春坊十分高兴,赠送给我端砚一方、龙墨五锭。

莲蕊须 味甘、涩，性温，无毒。可清心通肾，固精气，补血止血，养发养颜。

莲花 味苦、甘，性温，无毒。主镇心安神，养颜轻身。其他作用同莲蕊须。

莲房 味苦、涩，性温，无毒。以酒煮服，破瘀血，治血胀腹痛、产后胎盘不下。水煮服，则可解菌毒，止各种出血病证。

荷叶 味苦，性平，无毒。止渴，下胎盘，破血，治产后烦躁口干。

莲实 也称藕实、石莲子、水芝、泽芝。味甘，气温而性啬，禀清芬之气，得稻谷之味，是益脾之果。可补中养神，补益十二经脉血气。捣碎和米煮粥饭食，令人强健。

莲薏 即莲子中的青心。味苦，性寒，无毒。可治贫血，产后渴疾，生研成粉末，米汤饮服二钱。另可治腹泻，清心去热。食莲子不去心，会令人作呕。

莲藕 味甘，性平，无毒。捣汁服，能解胸闷心烦，开胃，治腹泻，排产后瘀血。捣膏，敷刀伤及骨折，止暴痛。蒸食，滋补五脏，实下焦，开胃口。与蜜同食，不生寄生虫，也可耐饥饿。藕汁解蟹毒。将藕捣成粉服食，轻身延年。

□ 莲

又名芙蕖、菡萏等。《本草纲目》说：莲产于淤泥中而不被污染，居于水中而不被水没。清明后抽茎生叶，六七月开花，花褪后，莲房成莲子。六七月嫩时采摘，生食脆美。至秋季房枯子黑，坚硬如石，称为石莲子。八九月收获，削去黑壳，称为莲肉。冬季至春可掘藕而食。鲜藕的吃法多种多样，莲子自古以来就是老少皆宜的鲜美食品，配菜、炖汤、调羹、制粉均可。

□ 鳜鱼

又名石桂鱼、水豚。《本草纲目》说：鳜鱼味甘，性平，无毒。可杀肠道寄生虫，益气力，补虚劳，健身强体魄。

□ 《清明上河图》中的打鱼场景　明　仇英

  北宋都城东京航运发达，是全国水路交通的枢纽，城内贯有金水河、五丈河、汴河和蔡河。城内外的河流、湖泊给东京城提供了丰富的水资源之余，也给渔业发展提供了有利的条件。孟元老《东京梦华录》记载当时的鱼行："卖生鱼则用浅抱桶，以柳叶间串，清水中浸，或循街出卖。每日早惟新郑门、西水门、万胜门，如此生鱼有数千担入门。冬月即黄河诸远处客鱼来，谓之车鱼，每斤不上一百文。"可见当时的东京有专门贩鱼的商人，且鱼价低廉，东京城内每日的渔业消费量相当可观。上图为《清明上河图》中的打鱼场景。

◎ 莲花醋

  莲花三朵捣碎，与一斤白面用水和成团，再用纸包裹挂当风处，一个月后取出。再用糙米一斗，水浸一夜后蒸熟，加入曲，加一斗水，用纸七层密封定，每层写"七日"二字，每过七天就揭去一层。四十九日后开封，倒出煮上几滚收用；如果糟有异味，就用滚水再酿一遍。忌用生水和湿的容器。

——明·戴羲《养余月令》

◎ 莲子缠

  一斤莲子，放入水中泡一会儿，去掉皮、心，煮熟。用二两薄荷霜、二两白糖均匀地裹在莲子上面，用小火烘烤片刻，取出来即可供膳食。

——清·朱彝尊《食宪鸿秘》

玉带羹

原文 ‖ 春访赵莼湖璧，茅行泽雍亦在焉。论诗把酒，及夜无可供者[1]。湖曰："吾有镜湖[2]之莼。"泽曰："雍有稽山[3]之笋。"仆笑："可有一杯羹矣！"乃命庖作"玉带羹"，以笋似玉、似带也。是夜甚适[4]。今犹喜其清高而爱客也。每颂忠简公[5]"跃马食肉[6]付公等，浮家泛宅[7]真吾徒"之句，有此耳。

注释 ‖ 〔1〕无可供者：没什么可吃的。

〔2〕镜湖：指鉴湖，浙江名湖之一，位于浙江省绍兴城西南。

〔3〕稽山：指会稽山。

〔4〕适：适意，高兴。

〔5〕忠简公：指赵鼎（1085—1147年），字元镇，自号得全居士，解州闻喜（今山西闻喜）人。徽宗崇宁五年（1106年）登进士第。高宗即位，历任右司谏、殿中侍御史，陈战、守、避三策，除御史中丞。绍兴年间几度为相，后因反对与金议和，为秦桧所倾，累贬潮州安置，移吉阳军，绝食而死。谥忠简。

〔6〕跃马食肉：形容为官封侯，富贵显赫。

〔7〕浮家泛宅：以船为家，在水上漂泊。形容生活长期漂泊不定。

译文 ‖ 春天拜访赵莼湖，茅行泽也在。一起论诗饮酒，到了夜里没什么可吃的。赵莼湖说："我有镜湖的莼菜。"茅行泽说："我有会稽山的竹笋。"我笑着说："可以做一杯羹了。"于是吩咐厨师做"玉带羹"，因为竹笋似玉、（莼菜）又似带，所以取这个名字。这一夜吃得十分舒适。至今还喜欢这种清和雅致又亲切待客的氛围。每次读到忠简公"跃马食肉付公等，浮家泛宅真吾徒"的诗句，我也会有这样的感受。

⊙ 文中诗赏读

舟中呈耿元直
〔南宋〕赵鼎

念昔一笑相逢初，我时尚少君壮夫。
十年再见辇毂下，我鬓斓斑君白须。
落魄朋游嗟我在，艰难兵火与君俱。
酬恩未拟填沟壑，强颜忍复陪簪裾。
浩然胡不径投劾，老矣难堪归荷锄。
田园坟垄乱戎马，是身是处长羁孤。
解维汴岸一篙水，小舟漂兀如鹥凫。
对床推枕坐叹息，此行未肯悲穷途。
胸中炯炯时一吐，与生俱坐宁蠲除。
只今云台罗俊彦，鄙贱老丑憎朴疏。
跃马食肉付公等，浮家泛宅真吾徒。
与君转柂从此逝，秋风万里吹江湖。

酒煮菜

原文 ‖ 鄱江[1]士友命饮,供以"酒煮菜"。非菜也,纯以酒煮鲫鱼也。且云:"鲫,稷[2]所化,以酒煮之,甚有益。"以鱼名菜,私窃疑之。及观赵与时[3]《宾退录》所载:靖州[4]风俗,居丧不食肉,惟以鱼为蔬,湖北谓之鱼菜。杜陵[5]《白小》诗云:"细微沾水族,风俗当园蔬。"始信鱼即菜也。赵,好古博雅君子也,宜乎先得其详矣。

注释 ‖〔1〕鄱(pó)江:今饶河,古称番(bó)水。位于江西省东北部,主河道注入鄱阳湖。

〔2〕稷(jì):指古代粮食作物。

〔3〕赵与时(1172—1228年):字行之,宋理宗宝庆二年(1226年)进士。官丽水丞。著有《宾退录》十卷,《四库总目》考证经史。

〔4〕靖州:位于今湖南省怀化市南部,湘、黔、桂交界地区。宋崇宁二年(1103年)置靖州,历代均为州、府、路所在地。

〔5〕杜陵:杜甫。

译文 ‖ 鄱江士友请我饮酒,上了一道"酒煮菜"。然而并不是蔬菜,是酒煮鲫鱼。有人说:"鲫鱼,是粮食变成的,用酒煮着吃,十分有好处。"把鱼称为菜,我觉得很奇怪。后来看到赵与时《宾退录》里记载,靖州风俗,居丧的时候不吃肉,只是拿鱼作为蔬菜用,湖北称之为鱼菜。杜甫的《白小》诗说:"细微沾水族,风俗当园蔬。"才相信鱼确实可以称为菜。赵与时是个好古博雅的君子,知道得这么详细确实应该。

◎ **鲫鱼法**

由于鱼腥来自三甲胺,这种物质能在酒中溶解并挥发,所以用酒煮鱼是一种很好的吃法,袁枚《随园食单》中载有鲫鱼的几种吃法,最佳的吃法也是用酒、酱油清蒸。而且火候要恰到好处,因为一旦过火,鱼肉老则味道变。蒸的时候还要特别盖好,不可让锅盖上的水汽滴到鱼上。买鲫鱼的时候,要选那些身子扁且带白点的,肉质就会鲜嫩松

□ 鲫鱼

又名鲋鱼。鲫鱼为我国重要食用鱼类之一，以二到四月和八到十二月的最为肥美，而冬天鱼子最多。其肉质细嫩，肉味甜美，药食两用。《本草纲目》说：鲫鱼味甘，性温，无毒。它喜欢藏在淤泥中，不吃杂物，所以能补胃，具有和中补虚、除湿利水、补虚羸、温胃进食、补中生气的功效。鲫鱼可做粥、做汤、做菜、做小吃，尤其适于做汤。

软，蒸熟后用手一提，肉可以全部脱骨。安徽六合龙池出的鲫鱼越大越嫩，蒸的时候纯用酒不用水，稍微加点糖以提鲜。根据鱼之大小，酌量加酒与酱油。其他的吃法如做羹、煨熟等都不如清蒸能得鲫鱼的真味。除清蒸外，用酒煎着吃也好。

——清·袁枚《随园食单·杂素菜单》

⊙ 文中诗赏读

白 小

〔唐〕杜甫

白小群分命，天然二寸鱼。
细微沾水族，风俗当园蔬。
入肆银花乱，倾箱雪片虚。
生成犹拾卵，尽取义何如。

下卷

57则，以素食为辅，重点记载鱼、鸭、鹅、牛、羊为主材的食物的制法、味型及养生功效，并有茶、酒煎制诸法。

蜜渍梅花

原文 ‖ 杨诚斋诗云:"瓮澄雪水酿春寒,蜜点梅花带露餐。句里略无烟火气,更教谁上少陵[1]坛。"剥白梅肉少许,浸雪水,以梅花酿酝之。露一宿,取出,蜜渍之。可荐酒[2]。较之扫雪烹茶[3],风味不殊[4]也。

注释 ‖ [1] 少陵:指杜甫。杜甫曾居住于少陵(长安附近),故自号"少陵野老",世称"杜少陵""杜陵"。

[2] 荐酒:以果品时鲜等佐酒。荐,进献。

[3] 扫雪烹茶:《宋稗类钞·卷四》载,陶学士谷,买得党太尉故妓。取雪水烹团茶,谓妓曰:"党家应不识此。"妓曰:"彼粗人,安得有此。但能销金帐下,浅酌低唱,饮羊羔美酒耳。"陶愧其言。后以扫雪烹茶代指文人的雅兴之举。

[4] 不殊:没有区别。

译文 ‖ 杨诚斋的《蜜渍梅花》诗说:"瓮澄雪水酿春寒,蜜点梅花带露餐。句里略无烟火气,更教谁上少陵坛。"剥少许白梅肉,浸到雪水里,再加上梅花浸泡发酵。露天放一晚上,将梅花取出,用蜜腌渍。可以用来佐酒。较之扫雪烹茶,风味一点儿也不差。

◎ 梅花蘸糖

梅花蘸糖是南宋诗人杨万里发明的一种生嚼梅花的吃法。杨万里一生爱梅,留下了近两百首与梅有关的诗篇。

他曾在诗中描绘了用糖蘸食梅花的场景:"寒尽春来夜未央,酒狂狂似醒时狂。吾人何用餐烟火?揉碎梅花和蜜霜。"

——南宋·杨万里《昌英知县叔作岁坐上,赋瓶里梅花,时坐上九》

还形容了梅花蘸糖的滋味:"取糖霜笔以梅花食之,气香味如蜜渍青梅,小苦而甘。"

——南宋·杨万里《昌英知县叔作岁坐上,赋瓶里梅花,时坐上九》

□ **《蜡梅天竺山茶图》 清 邹一桂**

梅花不仅可供观赏、食用,更是一种文化符号。梅花盛开于数九寒天,迎寒而立,象征着清高脱俗、贞洁内敛的君子情操。古代文人常借梅抒怀、以梅自喻,留下了许多优秀的诗词、书画作品。

解释了吃梅花的缘故："剪雪作梅只勘嗅,点蜜如霜新可口。一花自可咽一杯,嚼尽寒花几杯酒。先生清贫似饥蚁,馋涎流到瘦胫根。赣江压糖白于玉,好伴梅花聊当肉。"

——南宋·杨万里《夜饮以白糖嚼梅花》

杨万里还有许多与食梅有关的轶事。有一年冬天,杨万里要赴临漳就任,同僚们在西湖上钊寺给他饯行。当时正值梅花盛放,杨万里独自倚靠着一棵梅树,摘下梅花来吃。同去的张君玉便打趣说:"韵胜如许,谓非嫡仙可乎?"(南宋·杨万里《瓶中梅花长句》)对"嫡仙"这个称号,杨万里也就笑领了,并于翌年同月作诗来追忆此事。还有一次,杨万里去朋友家赴宴,酒酣之际,天降大雪。杨万里即兴赋诗:"南烹北果聚君家,象箸冰盘物物佳。只有蔗霜分不得,老夫自要嚼梅花。"为了蘸梅花吃而独占蔗糖,不容他人分享,其对梅花的痴狂可见一斑。

⊙ 文中诗赏读

蜜渍梅花

〔南宋〕杨万里

瓮澄雪水酿春寒,蜜点梅花带露餐。
句里略无烟火气,更教谁上少陵坛。

持螯供

原文 ‖ 蟹生于江者，黄而腥；生于河者，绀[1]而馨；生于溪者，苍而清。越淮多趋京，故或枵[2]而不盈。幸有钱君谦斋震祖，惟砚存[3]，复归于吴门[4]。秋，偶过[5]之，把酒论文，犹不减昔之勤也。留旬余，每旦市蟹，必取其元烹，以清醋杂以葱、芹，仰之以脐，少俟其凝，人各举其一，痛饮大嚼，何异乎柏手[6]浮于湖海之滨？庸庖族饤[7]，非曰不文，味恐失真。此物风韵也，但橙醋自足以发挥其所蕴也。

且曰："团脐膏[8]，尖脐螯[9]。秋风高，团者豪。请举手，不必刀。羹以蒿，尤可饕[10]。"因举山谷诗云："一腹金相玉质，两螯明月秋江。"[11] 真可谓诗中之验。"举以手，不必刀"，尤见钱君之豪也。或曰："蟹所恶，惟朝雾。实筑筐，噀[12]以醋。虽千里，无所误。"因笔之，为蟹助。有风虫[13]，不可同柿食。

注释 ‖ 〔1〕绀（gàn）：青色。

〔2〕枵（xiāo）：空。

〔3〕惟砚存：靠文字生活。戴复《寄玉溪林逢吉六首其一》："以文为业砚为田。"

〔4〕吴门：指苏州或苏州一带。为春秋吴国故地，故称。

〔5〕过：拜访。

〔6〕柏手：疑为"拍手"。

〔7〕饤（dìng）：意为贮食，盛放食品。

〔8〕膏：肥，肥肉。

〔9〕尖脐螯：螯，螃蟹等节肢动物的第一对脚，形状像钳子，能开合，用来取食或自卫。雌蟹腹甲形圆，称团脐。雄蟹腹甲形尖，称尖脐。故团脐、尖脐有时亦指雌蟹和雄蟹。

〔10〕饕（tāo）：贪食，贪财。

〔11〕一腹金相玉质，两螯明月秋江：此处疑作者有误。这两句诗出自杨万里《糟蟹六言二首》其一："霜前不落第二，糟余也复无双。一腹金相玉质，两螯明月秋江。"

肉、内脏 味咸，性寒，有小毒。含蛋白质、脂肪、维生素和多种氨基酸，可治胸中邪气、热结作痛、口眼㖞斜、面部浮肿。还能治疟疾、黄疸。

蟹壳 含碳酸钙、蟹红素、蟹黄素、甲壳素、蛋白质等，可制作食品，也可入药，有清热解毒、补骨添髓、养筋接骨、活血祛痰、利湿退黄、利肢节、滋肝阴、充胃液之功效，对于瘀血、黄疸、腰腿酸痛和风湿性关节炎等有一定的食疗效果。洗净擦干放入米缸，则米长时间存放也不会生虫。

□ 蟹

  又叫郭索、横行介士、无肠公子等。《本草纲目》说：生长在流水中的蟹，色黄而带腥味；生长在死水中的，色黑红而有香气。霜前的蟹有毒，霜后即将冬蛰的蟹味美。将蟹生烹，用盐或糟储藏，或用酒以及酱汁浸泡，做出来的都是佳品。但螃蟹性味寒咸，胆固醇、嘌呤含量高，易动风，又是食腐动物，其鳃、沙包、内脏里含有大量细菌和毒素，在食用时应有所节制。

〔12〕噀（xùn）：喷。

〔13〕风虫：蟹腹中的寄生虫。

译文 ‖ 生于江中的螃蟹，颜色发黄而味腥；生于河里的，颜色发青有香气；生于溪水里的，颜色灰白带青色。我经常奔波于江淮、京城一带，有时不免食不果腹。幸亏有钱谦斋帮助，我靠文字生活，又得以回到吴门。一年秋天，偶尔去拜访他，把酒论文，依然不减过去的勤勉。留住了十几天，每天早上买来螃蟹，一定取最大个的烹熟，用清醋掺上葱花、香芹，将蟹肚脐朝上放置，等到它稍微凝固，每人拿起一个，痛饮大嚼，和畅游于湖海之滨的快乐又有什么不同呢？平庸的厨子不是做得不好看，但味道恐怕失去本味。螃蟹自有风味，只用橙醋就足以发挥出它的独特风味了。

  钱谦斋说："团脐膏，尖脐螯。秋风高，团者豪。请举手，不必刀。羹以蒿，尤可饕。"又举黄山谷的诗："一腹金相玉质，两螯明月秋江。"真可算

□ 《红楼梦》中的食蟹场景

《红楼梦》是中国古典小说中最优秀的现实主义文学巨著，也是一部美食大观，其中有多个片段都写到了食蟹的场景。大观园中的人们食蟹讲究：比如食蟹多用双手剥瓣，前后须得洗手，开席不久，凤姐便命丫头去取"菊花叶儿、桂花蕊熏的绿豆面儿来"。这里的绿豆面儿正是预备洗手用的，可以去除吃螃蟹留下的腥味。在众人上桌后，凤姐吩咐"螃蟹不可多拿来，仍旧放在蒸笼里"，这是由于螃蟹冷了腥气更重，食热蟹才得真味。另外，螃蟹性寒，食蟹还得配酒：黛玉虽"只吃了一点夹子肉"，便"觉得心口微微的疼，须得热热的喝口烧酒"，宝玉便忙不迭着人将"合欢花浸的酒烫一壶来"。酒属热性，烫过的酒喝下更容易发散，以疏通血脉、祛风驱寒，中和螃蟹在体内形成的寒气。除了用酒祛除寒性，一些蘸料在食用螃蟹时也必不可少。平儿伺候凤姐吃蟹，凤姐嘱咐"多倒些姜醋"，这是因为姜性温，能驱寒，醋能消食开胃，去腥味，而螃蟹腥寒，以姜醋来化解自然再好不过，同时味道也愈加鲜美。大观园中的螃蟹宴，在暗含养生之道的同时，也淋漓尽致地展现了清朝贵族家庭生活的风雅和奢华。

是诗证了。"举以手，不必刀"，足见钱谦斋的豪气。有人说："蟹所恶，惟朝雾。实筑筐，噀以醋。虽千里，无所误。"所以用笔记下来，作为吃蟹时的一点帮助吧。有的螃蟹里有风虫，不宜与柿子同吃。

◎ 糖蟹

糖蟹是隋唐时期螃蟹的流行做法之一。这种做法既可以保鲜，又可以节省人力成本，且长江流域的蟹本身十分适合制作糖蟹，故糖蟹成为当时的一道进贡佳品。隋炀帝到江都时，吴中进贡糖蟹，奉上时，还要揩拭干净蟹壳，贴上用金纸剪成的龙凤花样，美其名曰"缕金龙凤蟹"。制作方法是：

选用新鲜活蟹，使之吐出脏物，将活蟹浸泡在糖浆中过夜。在干净的瓮中加入适量的蓼汤和盐，取出螃蟹放入瓮中，用软泥封住瓮口。二十天后在每只螃蟹的脐中放入一些姜末，再密封储存。

——唐·段公路《北户录》

◎ 蟹羹

用淡盐水煮熟，自剥自食，不宜和其他食物搭配。上锅蒸虽然味全，但失之太淡。做蟹羹时，最好就用原汤煨，不加鸡汁，单独烹制最好，不要往蟹羹里加鸭舌，或者鱼翅，或者海参，否则只会抢了蟹肉的味道，还惹上了别的腥味。

——清·袁枚《随园食单》

◎ 醉蟹

方法一：

把螃蟹洗净，擦干，加入酒糟、盐、少量酒、醋和川椒，一起放进瓮中，埋在泥里密封七天。

——宋·傅肱《蟹谱》

方法二：

在每一只蟹的腹中放一小撮椒盐，再把蟹翻过来，装进坛子，用酒浇注，没过螃蟹，稍微多出一点也可以，再在上面撒一小撮花椒粒。每天将坛子斜侧着转动一次，半月过后就可以食用了。用酒醉过的螃蟹，不宜再用酱腌。

——清·朱彝尊《食宪鸿秘》

方法三：

先准备好的甜酒与清酱，按七分酒、三分清酱的比例混合后装进坛子里。再挑活蟹，用小刀在蟹背中间的地方扎一下，将少许盐填进去。趁蟹还没死，就放进坛中。放好后封上坛口，三五天就可以食用了。

——清·李化楠《醒园录》

◎ 洗手蟹

方法一：

宋元时期的一道螃蟹名菜。宋《事文类聚·介虫·蟹》："北人以蟹生析之，调以盐梅芼橙椒，盥手毕即可食，目为洗手蟹。"洗手蟹从腌渍到入口只有洗手的工夫，类似于今天的"生腌"。

方法二：

制作时，厨师把生螃蟹切成块，用盐腌制一二小时，再加白酒、姜、橙等腌制几天后拿出来吃，吃的时候把新鲜橘子的果肉挖出来，加入少许盐，捣碎成泥，就称为"橙齑"，用作螃蟹蘸料。

——宋·高似孙《蟹略》

方法三：

将生蟹剁碎，加入麻油熬熟。冷却后，将草果、茴香、砂仁、花椒末、水姜、胡椒都切成碎末，再加葱、盐、醋等调料，与蟹块搅拌均匀后就可以食用了。

——元·浦江吴氏《中馈录》

◎ 剥壳蒸蟹

将蟹剥壳后，把蟹肉、蟹黄取出，仍放回蟹壳中，再打五六只生鸡蛋在里面蒸。上菜时就像完整的蟹，只是缺了脚爪。比炒蟹粉还有特色。除了鸡蛋，还可以用南瓜肉拌蟹。

——清·袁枚《随园食单》

◎ 酱蟹

先准备好在大坛子里焖制的那种味道醇厚又透着甜味的酱。取新鲜的螃蟹，每个螃蟹都用麻绳缠扎好。把酱均匀地涂抹在螃蟹身上，涂到就像一个泥团。然后装进坛子里，密封严实。过两个月打开坛子。如果这时螃蟹的脐壳很容易剥离，就说明可以吃了；如果很难剥开，则还要再等几天。

——清·朱彝尊《食宪鸿秘》

⊙ 文中诗赏读

糟蟹六言二首·其一

〔南宋〕杨万里

霜前不落第二，糟余也复无双。
一腹金相玉质，两螯明月秋江。

◎食蟹工具

袁枚《随园食单·器具须知》曰:"美食不如美器。"螃蟹鲜美甘腴,精美的蟹具亦值得赏玩。古人吃蟹分为"文吃"和"武吃",尤以"文吃"为古代精致生活的象征。"文吃"所需工具,在明代已经发展完备,俗称"蟹八件":小方桌、腰圆锤、长柄斧、长柄叉、圆头剪、镊子、钎子、小匙。使用"蟹八件"以苏州为盛,到了清朝末年,甚至已经成了苏州嫁女的嫁妆之一。

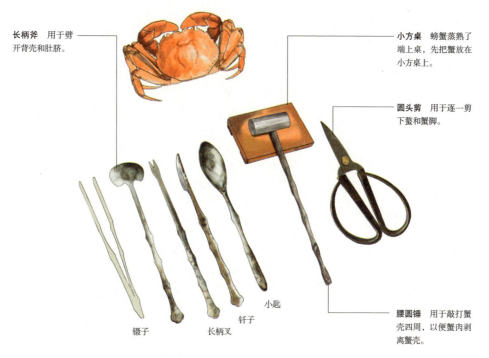

长柄斧 用于劈开背壳和肚脐。

小方桌 螃蟹蒸熟了端上桌,先把蟹放在小方桌上。

圆头剪 用于逐一剪下螯和蟹脚。

腰圆锤 用于敲打蟹壳四周,以便蟹肉剥离蟹壳。

镊子　长柄叉　钎子　小匙

长柄叉、镊子、钎子、小匙 可灵活取出蟹黄、蟹膏、蟹肉,小匙可舀进蘸料,以端起蟹壳品尝美味。

汤绽梅

原文 ‖ 十月后,用竹刀取欲开梅蕊,上下蘸以蜡,投蜜缸中。夏月[1],以热汤就盏[2]泡之,花即绽,澄香可爱也。

注释 ‖ 〔1〕夏月:夏天。
〔2〕盏:器皿,盛装液体的日常器具,材质通常为陶瓷、木、竹、金属等,如茶盏、油盏、灯盏等。

译文 ‖ 十月以后,用竹刀把即将开放的梅花花苞取下,通身蘸上蜂蜡,放在蜜罐中保存。到了夏天,用热水在杯盏中将花苞泡开,花朵就能立即绽放,清香可爱。

通神饼

原文 ‖ 姜薄切,葱细切,各以盐汤焯[1]。和白糖、白面,庶[2]不太辣。入香油少许,炸之,能去寒气。朱晦翁[3]《论语注》云:"姜通神明。"[4]故名之。

注释 ‖ [1]焯:把蔬菜放在开水里略微一煮就捞出来。
[2]庶:表示希望发生或出现某事,相当于"但愿、或许"。
[3]朱晦翁:朱熹。
[4]姜通神明:朱熹《论语集注·乡党》注:"姜通神明,去秽恶,故不撤。"

译文 ‖ 把姜切成薄片,葱切成细丝,分别用放了盐的热水焯一下。然后和上白糖、白面,但愿这样可使其不辣。加入少许香油,然后煎炸,食用后能去寒气。朱晦翁的《论语注》里说:"姜,能够通神明。"所以为其起名叫"通神饼"。

□ 生姜

《本草纲目》说:生姜宜种在低湿沙地。四月取母姜栽种,到五月就长出如嫩芦一样的苗。秋季前后长出新芽,像分开的手指一样,这时采来吃无筋,称为子姜。霜后姜就老了。因为姜适宜特别潮湿且没有阳光的地方,所以如果某年的秋天很热,就不会产姜。姜味辛而不荤,驱邪辟恶。生吃熟吃,或同醋、酱、糟、盐、蜜煎后调和,无所不宜。既可作蔬菜、调料,又可入药作果脯,用途非常广泛。入药可除风邪寒热、伤寒头疼鼻塞、咳逆气喘,止呕吐,祛痰下气。生姜捣烂取汁和蜜服,治中暑呕吐不能下食。生姜汁煎服,除胸膈恶气,开胃健脾,散风寒,解药毒。

干生姜 治咳嗽、温脾胃,治胀满、霍乱不止、腹痛、冷痢、闭经。病人虚而冷时宜服。姜屑和酒服,治偏风。肺经气分之药,益肺。

皮 味辛,性凉,无毒。可消浮肿、腹胀、腹腔内的痞块,调和脾胃,去眼球上的白膜。

金饭

原文 ‖ 危巽斋[1]云:"梅以白为正[2],菊以黄为正,过此,恐渊明、和靖二公不取。"今世有七十二种菊,正如《本草》所谓"今无真牡丹,不可煎者"。

法:采紫茎黄色正菊英,以甘草汤和盐少许焯过。候饭少熟,投之同煮。久食,可以明目延年。苟得南阳甘谷水[3]煎之,尤佳也。

昔之爱菊者,莫如楚屈平[4]、晋陶潜。然孰知今之爱者,有石涧元茂[5]焉,虽一行一坐[6],未尝不在于菊。《翻帙得菊叶》诗云:"何年霜后黄花叶,色蠹犹存旧卷诗。曾是往来篱下读,一枝开弄被风吹。"观此诗,不唯知其爱菊,其为人清介[7]可知矣。

注释 ‖ [1]危巽斋:危稹。

[2]正:纯正的佳品。

[3]甘谷水:《抱朴子》记载,南阳郦县山中,有甘谷水。谷上长满了甘菊,菊花掉落水中,历世弥久,所以水的味道甘甜无比。附近的居民都喜饮甘谷水。"饮者无不考寿,高者百四五十岁,下者不失八九十,无夭年人。得此菊力也。"

[4]屈平:屈原(约公元前340—公元前278年),姓芈,氏屈,名平,字原。出生于楚国丹阳秭归(今湖北宜昌)。战国时期诗人、政治家,中国浪漫主义文学的奠基人,"楚辞"体的开创者。

[5]石涧元茂:刘元茂,号石涧,宋代诗人,生平不详。代表作有《次花翁览镜韵》等。

[6]一行一坐:指日常起居。

[7]清介:清正耿直。

译文 ‖ 危巽斋说:"梅花以白色为正品,菊花以黄色为正品,如果不是如此,恐怕爱菊如陶渊明、爱梅如林和靖都不会要。"现在世上有七十二种菊花,但正如《本草》所说"如今没有真正的牡丹,不可以煎食"。

食用菊花的方法是:采紫茎黄色的正品菊花,在加入少许盐的甘草汤中焯一下。等到米饭将熟,把菊花放入同煮。经常食用,可以明目,延年益寿。如果能用南阳的甘谷水煮,就更好了。

以前喜爱菊花的,没人能比得上楚国屈原、晋代陶渊明。哪知道如今喜爱菊花的还有刘元茂,他日常起居,无时不在意菊花。翻阅他的书,得《翻帙得菊叶》诗:"何年霜后黄花叶,色蠹犹存旧卷诗。曾是往来篱下读,一枝开弄被风吹。"赏此诗,不光知道他喜爱菊花,也可知其为人清正耿直。

⊙ 文中诗赏读

翻帙得菊叶

〔宋〕刘元茂

何年霜后黄花叶,色蠹犹存旧卷诗。
曾是往来篱下读,一枝闲弄被风吹。

石子羹

原文 ‖ 溪流清处取白小石子,或带藓衣[1]者一二十枚,汲[2]泉煮之,味甘于螺[3],隐然有泉石之气。此法得之吴季高,且曰:"固非通霄煮食之石[4],然其意则甚清矣。"

注释 ‖ 〔1〕藓衣:生于石头表面的青苔。
〔2〕汲:汲水。
〔3〕螺:一种软体动物,体外包着锥形、纺锤形或扁椭圆形的硬壳,上有旋纹。种类很多,如田螺、海螺、钉螺等。
〔4〕煮食之石:旧传神仙、方士烧煮白石为粮,后以煮白石比喻不食人间烟火的道士修炼生活。晋代葛洪《神仙传·白石先生》:"(白石先生)常煮白石为粮,因就白石山居。"唐代韦应物《寄全椒山中道士》:"涧底束荆薪,归来煮白石。"

译文 ‖ 在溪流清澈处选取白色的小石子,或表面生有青苔的石子一二十枚,打泉水煮,其味道比螺还甘美,隐约间有泉石之气。这个法子是从吴季高那里学来的,他还说:"这虽不是求仙得道之人通宵煮食的白石,然而其意趣甚是清雅。"

□ **螺蛳**

李时珍说:螺蛳大如指头。春天,人们采来后放在锅中蒸,它的肉便会出来,可以酒烹或糟煮来吃。清明过后,它的肉中有虫,就不能吃了。螺蛳味甘,性寒,无毒。可明目利尿,醒酒解热,消黄疸水肿。治反胃、痢疾、脱肛、痔疮出血。

梅粥

原文 ‖ 扫落梅英[1],捡净洗之,用雪水同上白米煮粥。候熟,入英同煮。杨诚斋诗曰:"才看腊后得春饶,愁见风前作雪飘。脱蕊收将熬粥吃,落英仍好当香烧。"

注释 ‖ [1] 落梅英:落下来的梅花。

译文 ‖ 扫落下的梅花,拣洗干净,用雪水同上好的白米煮粥。等粥熟的时候,把梅花放入同煮。杨万里《落梅有叹》诗云:"才看腊后得春饶,愁见风前作雪飘。脱蕊收将熬粥吃,落英仍好当香烧。"

⊙ 文中诗赏读

落梅有叹

〔南宋〕杨万里

才看腊后得春饶,愁见风前作雪飘。
脱蕊收将熬粥吃,落英仍好当香烧。

□ 粥

又叫糜。《本草纲目》说:各种粮谷都可以做粥,更有用药物、果品做粥,能治多种病。小麦粥能止消渴烦热;用杏仁和各种花制成的寒食粥能治咳嗽,通血气;糯米粥治脾胃虚寒,上吐下泻;粳米、粟米粥清淡舒畅,能利小便,早上空腹吃能振作元气,滋补作用不小;绿豆粥可解热毒,止烦渴等。

山家三脆

原文 ‖ 嫩笋、小蕈[1]、枸杞头[2],入盐汤焯熟,同香熟油、胡椒、盐各少许,酱油、滴醋拌食。赵竹溪密夫[3]酷嗜此。或作汤饼以奉亲,名"三脆面"。尝有诗云:"笋蕈初萌杞采纤,燃松自煮供亲严[4]。人间玉食何曾鄙,自是山林滋味甜。"蕈亦名菰[5]。

注释 ‖ 〔1〕蕈(xùn):菌类,伞状,种类很多。有的有毒不可食,有的可食,如香菇、草菇,味道鲜美。李渔《闲情偶寄》:"举至鲜至美之物,于笋之外,其惟蕈乎?"

〔2〕枸杞头:枸杞芽,枸杞的嫩梢、嫩叶。略苦,有回甘,能清火明目,补筋益骨。

〔3〕赵竹溪密夫:赵密夫,号竹溪,晋江(今福建泉州)人。理宗绍定二年(1229年)进士。

〔4〕亲严:对父母的尊称。亲,指母亲。严,指父亲。

〔5〕菰(gū):此处应为"菇"的异体字。

译文 ‖ 把嫩笋、小蕈、枸杞芽,放入加了盐的热水中焯熟,加香熟油、胡椒、盐各少许,再用酱油、醋拌着吃。赵竹溪酷爱这道菜。有时会做成汤面供父母吃,名叫"三脆面"。还曾作诗道:"笋蕈初萌杞采纤,燃松自煮供亲严。人间玉食何曾鄙,自是山林滋味甜。"蕈,又名菇。

◎ **醉香蕈**

挑拣干净的香蕈用水浸泡,然后用热油炒熟。将原来浸泡香蕈的水过滤掉渣滓,倒入锅中加水烹煮,等收干汤汁即取出香蕈。放凉后,先用冷的浓茶把油气淘洗掉,沥干水分。再加入上好的酒酿、酱油腌渍,半天之后就入味了。

——清·朱彝尊《食宪鸿秘》

□ 香蕈

《本草纲目》说：蕈的品种不一，紫色的叫香蕈，白色的叫肉蕈。其味甘，性平，无毒。主治食欲减退，少气乏力。肉蕈又叫蘑菰蕈，二三寸长，头小顶大，白色，柔软，中间空虚，味道像鸡肉。这类蕈味甘，性寒，无毒，益肠胃，化痰理气。

◎ 薰蕈

取南方又肥又大的香蕈，清洗干净后晾干。然后放到酱油里浸泡半天，取出来晾一会儿，等到香蕈稍干一些，掺入茴香、花椒的细末，再用柏树枝熏制。

——清·朱彝尊《食宪鸿秘》

⊙ 文中诗赏读

三脆面

〔宋〕赵密夫

笋蕈初萌杞采纤，燃松自煮供亲严。

人间玉食何曾鄙，自是山林滋味甜。

玉井饭

原文 ‖ 章雪斋鉴[1]宰德泽[2]时，虽槐古马高[3]，犹喜延客。然后食多不取诸市，恐旁缘扰人[4]。一日，往访之，适有蝗不入境[5]之处，留以晚酌数杯。命左右造玉井饭，甚香美。其法：削嫩白藕作块，采新莲子去皮心，候饭少沸，投之，如盦饭法。盖取"太华峰头玉井莲，开花十丈藕如船"之句。昔有《藕诗》云："一弯西子臂，七窍比干心。"[6]今杭都范堰经进七星藕，大孔七、小孔二，果有九窍。因笔及之。

注释 ‖ [1]章雪斋鉴：章鉴（1214—1294年），字公秉，号杭山，别号万叟，修水（今属江西省九江市修水县）人。淳祐四年（1244年）及第，历枢密院御史、中书台人、左侍郎等，咸淳十年（1274年）拜相。著有《杭山集》。
[2]宰德泽：主政。德泽，恩德、恩惠。
[3]槐古马高：形容位高权重。
[4]旁缘扰人：下属仗势欺人，骚扰百姓。旁缘，依仗、凭借，指相互勾结。
[5]蝗不入境：本意指有善政之处连蝗虫都不入境侵害。典出《东观汉记·卓茂》："卓茂，字子康，南阳人。迁密令，视民如子，口无恶言。……时天下大蝗，河南二十余县皆被其灾，独不入密县界。督邮言之，太守不信，自出按行，见乃服焉。"这里借指清净无人打扰之所。
[6]一弯西子臂，七窍比干心：西子，指战国时期越国美女西施。比干，为商纣王时官员，因直言相谏得罪纣王，王怒曰："吾闻圣人心有七窍，信有诸乎？"遂杀比干剖视其心。

译文 ‖ 章雪斋主政时，虽然位高权重，但还是喜欢宴请客人。然而食物多不从市场买，因为担心下人仗势欺人，骚扰百姓。一天，我去拜访他，正巧清净无人打扰，于是挽留我晚上小酌几杯。章雪斋吩咐人做"玉井饭"，吃起来十分香美。做法是：把嫩白藕削成块，将新采的莲子去掉皮和心，等到饭稍微沸腾时，把藕块和莲子投进去，就像盦饭的法子一样。之所以叫"玉井饭"，

□ 《宴饮图》 唐　陕西南里王村墓壁画

唐墓壁画《宴饮图》描绘的是唐人游春宴乐的场景。正中是一张长方形低案，上置六曲花形羹碗、曲柄长勺等餐具和食物。低案三边各置一低榻，榻上坐三人，两侧榻旁各立一位端着酒盘的侍童。从上图可见，唐代已经开始使用大型餐桌。

大概是取自韩愈"太华峰头玉井莲，开花十丈藕如船"的诗句吧。以前曾有首《藕诗》说："一弯西子臂，七窍比干心。"如今杭州范堰产的七星藕，有七个大孔，两个小孔，果然有九窍。因此特意把这件事记录下来。

◎ 单烹莲子

　　将莲子去皮去心，放入汤中，用慢火煨煮。盖上锅盖，不要打开看，也不可停火。这样大约两炷香的时间莲子就煮熟了，吃时不会有生硬的感觉。莲子皮薄如纸，剥皮费时，煮熟后用手搓揉，则易除去。之所以去掉莲子心，是因为莲子心味苦。虽具有清热固精、安神强心功效，但一般食用时莲子心受热会把苦味渗入莲子肉中，所以制作一般菜肴时都会把莲子心去掉。

——清·袁枚《随园食单》

山家清供

□ 《文会图》 宋 赵佶

上图中一张近于方形的特大食案赫然在目,大案为黑色漆制,每侧六个连续壶门券口,似并排竞放的花朵。根据画中人物比例,大案边长应当在四米以上,如此大案却难得地有一派书卷秀雅之气,使整个饭局表现出意气风发之感和典雅的意境。

□ 《笔花楼新声》插图　明

　　《笔花楼新声》又名《咏物新词图谱》，为散曲集，图中众人围坐在八仙桌旁，宴饮赏景、奏乐取乐。

◎ 灌藕

　　选取大个的生藕,只要中段,把砂糖塞进藕孔里,两端用油纸捆好,放到用琼脂煮的汤里煮,用鱼鳞煮汤更好。也可以一开始就用熟藕,将煮开的糖水用绿豆粉勾芡灌进藕孔中,按照前面的办法将其捆好,上锅蒸熟即可食用。

——元·韩奕《易牙遗意》

◎ 云英面

　　将藕莲、菱、芋头、鸡头、荸荠、茨菇、百合,一并去掉外皮,只取里面的果肉,放在一起蒸烂,在风里晾一会,再放到石臼里捣细。加入川糖、熟蜜,边捣边将它们掺和均匀,捣得差不多了就拿出来做成团。放置一会儿,待到变硬后,拿干净的刀任意切成块吃,糖多放最好。蜜要放得合适,放多了会太稀不成团。

——宋·陶谷《清异录》

⊙ 文中诗赏读

古意

〔唐〕韩愈

太华峰头玉井莲,开花十丈藕如船。
冷比雪霜甘比蜜,一片入口沈疴痊。
我欲求之不惮远,青壁无路难夤缘。
安得长梯上摘实,下种七泽根株连。

◎古代餐桌

古代餐制与餐桌的演变息息相关。原始社会以来,中国古代的就餐形式为席地而坐,在几案上分餐而食;魏晋南北朝时期,民族的融合使许多边族地区的生活习惯、生活用具进入中原,相应也传入了"胡桌",此后人们的餐桌越来越高,由席地而坐转变为垂足而坐,餐制也由分餐渐渐转变为合餐。从南唐顾闳中的《韩熙载夜宴图》中可以看到,已有摆放食物的长桌和方桌,此时正是低矮型家具向高型家具过渡的阶段。到了宋代,高型餐桌已经大规模地进入人们的生活。明清时期,合餐制已经成熟,餐桌的基本形制已定型,样式也越来越多。

《韩熙载夜宴图》 五代 顾闳中

食案

食案是为进食而承举食器的平面餐桌,其历史最早可追溯至龙山文化。案面非常平整,案周四边均起一矮沿,可防止汁液流淌出来。案面下安有四足。小型食案一般较矮,案板不厚,造型轻巧。《后汉书》记载梁鸿之妻孟光为丈夫端饭时,"妻为具食,不敢于鸿前仰视,举案齐眉"。可知,孟光所举的便是这种食案,足以证明其轻巧灵便的特点。

方桌

方桌是中国传统家具之一,也是常见的餐桌。为桌面较宽的正方形桌。此桌结构简单,由四根桌腿、四边及一块面心板构成,稳固大气。其按尺寸可分为八仙桌、六仙桌、四仙桌等,按形式可分为有束腰和无束腰两种。八仙桌通常放置于正屋的中堂位置,坐北朝南,有些还会配以太师椅和条案。

老红木灵芝纹弯脚八仙桌　清　　　　　　黄花梨卷草龙纹八仙桌　清

半桌

方桌的一半,又叫接桌,"接桌"一词出自明·何士晋《工部厂库须知》,当八仙桌不够坐时,可以用接桌和八仙桌进行拼接,增加落座人数。半桌的式样有带束腰的,也有不带束腰的。

酒桌

一种形制较小的长方形桌。酒桌远承五代、北宋,因常用于酒宴而得名,一般做得都比较雅致。桌面边缘多起阳线一道,名曰"拦水线"。桌面与腿足的连接常采用案型结构,桌面下有的设计成双层隔板或屉桌形式,用以放置酒具。其前身应是唐宋以来流行的四足炕桌与炕案。酒桌和半桌以明代最多,原因是明代宴饮,往往主客两人共用一桌,宾客多时,则人各一桌,所以酒桌的需求量就大增了。到了清代康熙以后,因贵族的传统炕居生活方式使炕床(榻)、炕桌、炕几类家具明显增加，多用型的圆桌、半桌、小条桌等的出现也使酒桌失去了流行的社会条件。

供桌

年节时供奉祖先时放水果、菜肴等祭品的桌子，又叫祖先桌。

圆桌

圆桌是厅堂中常用的家具，一张圆桌和五个圆凳或坐墩组成一套，陈设在厅堂正中，颇显雅观。在一般情况下，圆桌属于活动性家具，常用以临时待客或宴饮。多见于明清时期。圆桌寓意团圆和美，又符合"周而复始，生生不息"的中国古代哲学精神而受到人们的青睐。

洞庭馌[1]

原文 ‖ 旧游东嘉[2]时，在水心先生[3]席上，适净居僧送"馌"至，如小钱大，各和以橘叶，清香霭然，如在洞庭左右。先生诗曰："不待满林霜后熟，蒸来便作洞庭香。"因询寺僧，曰："采莲与橘叶捣之，加蜜和米粉作馌，各合以叶蒸之。"市亦有卖，特差多[4]耳。

注释 ‖ 〔1〕洞庭馌（yì）：馌，本指食物腐烂而发臭，这里指一类食物的名称。此处的"洞庭"非湖南洞庭湖，而是指吴地太湖。民谚有云："橘非洞庭不香"，太湖地区亦产良橘，故"洞庭馌"之名有赞美其橘香浓郁、吴地之橘不输洞庭橘的涵义。
〔2〕东嘉：浙江温州的别称。宋·陈叔方《颍川语小·卷上》："盖郡有同名，以方别之。温为永嘉郡，俚俗因西有嘉州，或称永嘉为东嘉。"
〔3〕水心先生：叶适（1150—1223年），字正则，号水心居士，温州永嘉（今属浙江温州）人。生于瑞安，后居于永嘉水心村，世称水心先生，南宋思想家、文学家。他所代表的永嘉事功学派，与当时朱熹的理学、陆九渊的心学并列为"南宋三大学派"。著有《水心先生文集》《水心别集》《习学记言》等。
〔4〕差多：差很多。

译文 ‖ 以前游东嘉时，在水心先生的宴席上，正巧碰上净居寺的僧人送"馌"来，馌有铜钱大小，每个都用橘叶包着，清香浓郁，好像身处洞庭湖边一样。水心先生曾有诗说："不待满林霜后熟，蒸来便作洞庭香。"因此询问寺僧的做法，僧人答道："采莲与橘叶捣成汁，加上蜜和米粉做成馌，再分别用橘叶包住蒸。"市场里也有卖的，只是风味差多了。

◎ 藏橘法

方法一：
用松叶把橘子包裹起来，放进坛子里，在坛口放一只碗，碗里装上水。三四个月过

橘叶 味苦，性平，无毒。治胸膈逆气，消肿散毒。

果实 味甘、酸，性温，无毒。甘的润肺，酸的止消渴，开胃。

黄橘皮 味辛、苦，性温，无毒。可助消化，下气，清痰涎，治咳嗽气喘、开胃，治气痢。久服下气通神。作调料，解鱼腥毒。

瓣上筋膜 治口渴、吐酒。用法是炒熟后煎汤喝。

青橘皮 味苦、辛，性温，无毒。可治气滞，消食，破积结和膈气，去下焦部等各种湿，治左胁肝经积气、小腹疝痛，消乳肿，疏肝胆，泻肺气。

橘核 味苦，性平，无毒。可治腰痛、膀胱气痛、肾冷。将橘核炒研，每次温酒送服一钱，或用酒煎服。治酒后为风邪所伤、鼻红，则炒研，每次服一钱，并服胡桃肉一个，擂烂用酒送服，以病情定量。

☐ 橘

《桔谱》说：柑、橘多地都有出产，但都不如温州的好。柑有八个品种，橘有十四个品种，大多是嫁接而成。只有以自然法种植的，味道才特别好。

后橘子也不会干。

——清·朱彝尊《食宪鸿秘》

方法二：

放在绿豆中保存。

——清·李化楠《醒园录》

◎ 橘皮醒醒汤

香橙皮、陈橘皮各一斤，去掉内层的白皮；檀香四两；葛花半斤；绿豆花半斤；人参二两，去掉参芦；白豆蔻仁二两；盐六两，入锅炒一下。将以上原料研成细末，掺和拌匀，收贮在洁净的容器内，每天空腹时取出若干，用白开水冲调后食用。可以解酒，治疗呕噫吞酸。

——元·忽思慧《饮膳正要》

荼蘼[1]粥 附木香菜

原文 ‖ 旧辱[2]赵东岩子岩云瓒夫[3]寄客诗，中款有一诗云："好春虚度三之一，满架荼蘼取次开。有客相看无可设，数枝带雨剪将来。"始谓非可食者。一日适灵鹫，访僧苹洲德修，午留粥，甚香美。询之，乃荼蘼花也。其法：采花片，用甘草汤焯，候粥熟同煮。又，采木香[4]嫩叶，就元焯，以盐、油拌为菜茹。僧苦嗜吟，宜乎知此味之清切。知岩云之诗不诬也。

注释 ‖ 〔1〕荼蘼（tú mí）：又称"酴醿"。蔷薇科悬钩子属，落叶小灌木。荼蘼花枝梢茂密，花繁香浓，入秋后果色变红。宜作绿篱，果可生食或加工酿酒。根含鞣质，可提取栲胶。花是很好的蜜源，也可提炼香精油。
〔2〕辱：表示承受的谦辞。
〔3〕赵东岩子岩云瓒夫：赵东岩，即赵彦侯，字简叔，号东岩，宋宗室。宋庆元年（1195年）赐进士及第。诗律琴趣妙绝一世，尤工草书（张天禄主编《福州人名志》）。赵瓒夫，疑为赵瑱夫，号岩云，宋宗室，理宗宝庆二年（1226年）进士，知南剑州。
〔4〕木香：菊科植物，其根干燥后可入药。

译文 ‖ 过去收到赵东岩之子赵岩云客居在外时写的诗，其中一首写道："好春虚度三之一，满架荼蘼取次开。有客相看无可设，数枝带雨剪将来。"一开始以为荼蘼不能食用。有一天到灵鹫寺，拜访僧人苹洲德修，中午时留下喝粥，味道十分香美。询问后才知道，粥是荼蘼花做的。方法是：采荼蘼花瓣，用放入甘草的热水焯过，等粥快熟时放入同煮。另外采木香的嫩叶，在用热水焯过后加油、盐拌成小菜吃。僧人生活清苦，嗜好苦吟，应该对这种清切风味很熟悉。于是知道赵岩云的诗所说不错。

◎ 荼蘼酒

早在唐代，荼蘼花就被用来酿酒，到了宋代，荼蘼酒更是流行于京师富贵之家。其制作方法是：

根 形如枯骨、味苦粘牙的最好。味辛，性温，无毒。可治温疟，膀胱冷痛，呕逆反胃，泄泻、痢疾，并能健脾消食，安胎。

□ 木香

又称蜜香、青木香等。《本草纲目》说：木香属草类。本名蜜香，因其香气如蜜。不论什么时候，都可采其根为药。

在一斗酒中放入一块木香，再从中取一杯酒放入砂盆，大约放入半钱荼蘼，再用细绢过滤，装入瓶中封好。饮的时候取一百朵荼蘼使之漂浮在酒面上。

——宋·陈元靓《事林广记》

⊙ 文中诗赏读

寄林可山

〔宋〕赵璜夫

好春虚度三之一，满架荼蘼取次开。
有客相看无可设，数枝带雨摘将来。

山家清供

□ 飞英会 《摹仇英西园雅集图》
清 丁观鹏

花在宋代文人之间的社交中扮演了重要的角色，文人们常常以花会友。据宋·朱弁《曲洧旧闻》记载，文人范镇家中种有很多荼蘼花，每到花季，范镇就会在花架下宴请宾客，赏花饮酒。花落在谁的杯中，谁就要喝一杯。有时一阵风吹过，每个人的杯中都落了花瓣，于是举座畅饮，雅趣盎然。此宴会一时传为美谈，时人称其为"飞英会"。

蓬糕

原文 ‖ 采白蓬[1]嫩者,熟煮,细捣。和米粉,加以糖,蒸熟,以香为度。世之贵介[2],但知鹿茸[3]、钟乳[4]为重,而不知食此大有补益。讵[5]不以山食而鄙之哉!闽中有草稗[6]。又饭法:候饭沸,以蓬拌面煮,名蓬饭。

注释 ‖ 〔1〕白蓬:疑为蓬蒿,即茼蒿,又称蒿子秆。其嫩茎和叶可作蔬菜。
〔2〕贵介:尊贵,高贵。也指尊贵者。
〔3〕鹿茸:一种名贵中药材。为梅花鹿或马鹿中雄鹿未骨化的幼角,外有绒毛,内含血液。
〔4〕钟乳:又称石钟乳、滴乳石,为不同形态的碳酸钙淀积物,大多呈圆锥形或圆柱形。表面呈白色、灰白色或棕黄色,粗糙,凹凸不平。采收后除去杂石,洗净,晒干,可以入药。
〔5〕讵(jù):难道,岂。表示反问。
〔6〕稗(bài):一年生草本植物,长在稻田里或低湿处,形状像稻,是稻田里的害草。果实可酿酒、做饲料。

译文 ‖ 采嫩白蓬,煮熟,细细捣碎。和上米粉,加糖,再蒸熟,至闻到香

□ 茼蒿

又叫蓬蒿。《本草纲目》说:八九月下种,冬春采摘肥茎食用。其花、叶微似白蒿,味甘、辛,性平,无毒。主安心气,养脾胃,消痰饮,利肠胃。

□ **鹿茸**

　　长在肉中的鹿的嫩角，叫茸。《本草纲目》说：鹿茸味甘，性温，无毒。可治疗虚劳、瘦弱、四肢酸痛、腰肌痛、尿频。还可强健筋骨，生精补髓，养血益阳。

□ **钟乳石**

　　又称留公乳、芦石、鹅管石等。《本草纲目》说：钟乳石味甘，性温，无毒。能明目益精，安五脏，益气，补虚损。久服延年益寿，面色好，容颜不老。

　　味为止。世上的权贵们，只知道鹿茸、钟乳是贵物，却不知道吃这种食物大有益处。怎么能因其为山野食物而鄙视它呢！福建中部有草稗。还有一种用其做饭的方法：等饭沸腾的时候，用白蓬拌面一起煮，就叫做蓬饭。

樱桃煎[1]

原文 ‖ 樱桃经雨[2],则虫自内生,人莫之见[3]。用水一碗浸之,良久,其虫皆蛰蛰而出[4]。乃可食也。杨诚斋诗云:"何人弄好手?万颗捣尘脆。印成花钿薄,染作冰澌紫。北果非不多,此味良独美。"要之,其法不过煮以梅水,去核,捣印为饼,而加以白糖耳。

注释 ‖ 〔1〕樱桃煎:一种用樱桃做的糕饼,也指一种用樱桃汁和糖水熬制成的食物,元·忽思慧《饮膳正要》记载了其做法:"樱桃五十斤,取汁;白砂糖二十五斤。右,同熬成煎。"
〔2〕经雨:被雨淋。
〔3〕莫之见:看不见。
〔4〕蛰蛰而出:很多虫爬出的样子。蛰蛰,形容众多。

译文 ‖ 樱桃被雨淋过后,里面会生虫子,人肉眼是看不见的。用一碗水浸泡,很长时间后,就会有很多虫子爬出来,这时樱桃才可以吃。杨万里诗云:"何人弄好手?万颗捣尘脆。印成花钿薄,染作冰澌紫。北果非不多,此味良独美。"总之,其制作方法不过是用梅子水煮樱桃,去核,捣碎后放入饼模做成饼状,再加上白糖罢了。

◎ 樱桃干

准备熟透的樱桃,去核,按一层白砂糖一层樱桃这样叠放起来,装入瓷罐中按捺结实。半天之后,把多余的糖汁倒出来,放入砂锅中煮到滚开,然后再浇进瓷罐中。一天过后,把樱桃取出来,在铁筛子上铺一层油纸,把樱桃放在铁筛子上摊匀,用火慢慢烘烤,等到颜色变红后就取下来。大点的樱桃就两个穿成一串,小点的就三四个穿成一串,放在阳光下晒干即可食用。

——清·朱彝尊《食宪鸿秘》

花　治面黑粉刺。

枝　将枝同紫萍、牙皂、白梅肉研和，每日用来洗脸，可治雀斑。

叶　味甘，性平，无毒。将叶捣成汁喝，并敷，可治蛇咬。

☐ 樱桃

又称含桃、荆桃等。《本草纲目》说：樱桃树到处都有，枝繁叶茂，绿树成荫，比很多其他果实熟得早，所以古人认为它很珍贵。其果实熟后，颜色深红色的称朱樱；紫色且皮上有细黄点的，叫紫樱，味最甜美。还有种红黄光亮的，叫蜡樱。樱桃用盐藏、蜜煎都可以，或者同蜜捣烂后做糕点。唐人也将它做成酪来吃。樱桃味甘、涩，性热，无毒。可以调脾胃，益脾气，且能养颜，但吃多了会发热，有暗风（头旋眼黑，昏眩倦怠，痰涎壅盛，骨节疼痛）的人不能吃，吃后即发。

⊙ 文中诗赏读

樱桃煎

〔南宋〕杨万里

含桃丹更圜，轻质触必碎。

外看千粒珠，中藏半泓水。

何人弄好手？万颗捣尘脆。

印成花钿薄，染作冰澌紫。

北果非不多，此味良独美。

如荠菜

原文 ‖ 刘彝[1]学士宴集间,必欲主人设苦荬[2]。狄武襄公青[3]帅边时,边郡难以时置。一日集,彝与韩魏公[4]对坐,偶此菜不设,骂狄分至黥卒[5]。狄声色不动,仍以"先生"呼之,魏公知狄公真将相器[6]也。《诗》[7]云:"谁谓荼苦?"刘可谓"甘之如荠"者。

其法:用醯酱[8]独拌生菜。然,作羹则加之姜、盐而已。《礼记》:"孟夏,苦菜秀[9]。"是也。《本草》:"一名荼[10],安心益气。"隐居[11]:"作屑饮,不可寐。"今交、广[12]多种也。

注释 ‖ [1] 刘彝(1017—1086年):字执中,福州(今福建省长乐县)人。北宋水利专家。庆历年间进士,调高邮簿,移朐山令。神宗时,除都水丞。寻知虔州。加直史馆,知桂州。坐贬均州团练副使。元祐初复以都水丞召还,病卒于道。其著有《七经中议》一百七十卷,《明善集》三十卷,《居阳集》三十卷。

[2] 苦荬(mǎi):苦菜。其茎、叶微苦,可食。

[3] 狄武襄公青:狄青(1008—1057年),字汉臣,汾州西河县(今山西省吕梁市文水县)人。北宋名将。出身寒门,宋仁宗时,凭战功累迁延州指挥使。历任枢密副使、护国军节度使、河中尹,迁升枢密使。后受到文官排挤,于嘉祐元年(1056年)被免去枢密使之职,加同中书门下平章事之衔,出知陈州。嘉祐二年(1057年)卒,获赠中书令,谥号武襄。

[4] 韩魏公:韩琦(1008—1075年),字稚圭,自号赣叟,相州安阳(今河南安阳)人。北宋政治家、词人。宋仁宗天圣五年(1027年)进士,历任将作监丞、开封府推官、右司谏等职。曾与范仲淹率军防御西夏,在军中颇有声望,人称"韩范"。之后又与范仲淹、富弼等主持"庆历新政",至仁宗末年拜相。累官永兴节度使、守司徒兼侍中,封爵魏国公。去世后追赠尚书令,谥号"忠献",宋徽宗时追封魏郡王。

[5] 黥(qíng)卒:兵卒。宋时为了防止士兵逃跑而在士兵脸上刺字,故称。黥,在人脸上刺字并涂墨。

[6] 将相器:将,将帅;相,宰相;器,人的度量,才干。有担任将帅或

花、子 味甘，性平，无毒。祛暑，安定心神。治黄疸病时，可用苦菜子加上莲子一起研细，每次取二钱加水煎后服用，每天两次，效果良好。

全草 味苦，性寒，无毒。对人很有好处，可治腹泻、清热解渴及恶疮疾病。捣烂取其汁服用，可清除面目和舌头下的湿热。经常吃苦菜，可以安心益气，耐饥饿寒冷，增强体力，精神饱满。但苦菜性寒，脾胃虚寒的人不可以食用。

□ **苦菜**

又名荼、苦苣、苦荬、游冬等。早春时幼苗有红茎、白茎两种。苦菜茎中空而脆，折断后有白汁流出。胼叶像花萝卜菜叶一样，颜色绿中带碧。叶柄依附在茎上，叶梢像鹊鸟的嘴巴。每片叶子有分叉，相互交撑挺起，就像穿过叶子的样子。开的黄花，像刚刚绽放的野菊。一枝花结子一丛，像茼蒿子和鹤虱子，当花凋谢时就到了采摘季节，苦菜子上有茸茸的白毛，随风飘扬，落地就会生根发芽。

宰相的度量和才能。

〔7〕《诗》：指《诗经》。

〔8〕醢酱：醋酱拌和的调料。

〔9〕苦菜秀：苦菜开花。《礼记·月令》："孟夏之月王瓜生，苦菜秀。"

〔10〕荼：这里指苦菜，也指一种茅草的白花。

〔11〕隐居：指陶弘景（456—536年），字通明，自号华阳隐居，谥贞白先生，丹阳秣陵（今江苏南京）人。南朝齐、梁时道教学者、炼丹家、医药学家。陶氏《本草经集注》："苦菜，疑即茗也。茗一名荼，凌冬不凋，作饮，能令人不眠。"

〔12〕交、广：指交州与两广地区。交即交趾，泛指五岭以南。汉武帝时始置，辖境相当于今天广东、广西大部和越南的北部、中部。东汉末改为"交州"。

译文 ‖ 刘彝学士参加宴会的时候，必定让主人准备苦菜。武襄公狄青镇守边关时，边郡荒僻，难以按时置办。一天宴集时，刘彝与韩魏公对坐，恰见没有准备苦菜，便痛骂狄青和兵卒。狄青不动声色，仍然以"先生"称呼他，韩魏公以此知狄青确有将相之才。《诗经·邶风·谷风》说："谁谓荼苦？"刘彝学士可谓是"甘之如荠"了。

  其做法是：用醋、酱单独拌生的苦菜就行了。但如果做羹的话，就需要加点姜、盐。《礼记》说："孟夏，苦菜开花"，这是正确的。《本草纲目》说："一名荼，安心益气。"陶弘景注说："做成碎屑饮用，让人不能安眠。"如今交、广一带多有种植。

⊙ 文中诗赏读

诗经·邶风·谷风

习习谷风，以阴以雨。黾勉同心，不宜有怒。采葑采菲，无以下体？德音莫违，及尔同死。

行道迟迟，中心有违。不远伊迩，薄送我畿。谁谓荼苦，其甘如荠。宴尔新昏，如兄如弟。

泾以渭浊，湜湜其沚。宴尔新昏，不我屑以。毋逝我梁，毋发我笱。我躬不阅，遑恤我后。

就其深矣，方之舟之。就其浅矣，泳之游之。何有何亡，黾勉求之。凡民有丧，匍匐救之。

不我能慉，反以我为雠。既阻我德，贾用不售。昔育恐育鞫，及尔颠覆。既生既育，比予于毒。

我有旨蓄，亦以御冬。宴尔新昏，以我御穷。有洸有溃，既诒我肄。不念昔者，伊余来塈。

萝菔面

原文 ‖ 王医师承宣，常捣萝菔汁、搜面^[1]作饼，谓能去面毒^[2]。《本草》云："地黄与萝菔同食，能白人发。"水心先生^[3]酷嗜萝菔，甚于服玉。谓诚斋云："萝菔便是辣底玉。"

仆与靖逸叶贤良绍翁^[4]过从^[5]二十年，每饭必索萝菔，与皮生啖^[6]，乃快所欲。靖逸平生读书不减水心，而所嗜略同。或曰："能通心气，故文人嗜之。"然靖逸未老而发已皤^[7]，岂地黄之过欤？

注释 ‖ 〔1〕搜面：用水和面。
〔2〕面毒：古人认为用小麦做的面粉有毒，如宋代《本草图经》认为："小麦性寒，作面则温而有毒。"
〔3〕水心先生：叶适。
〔4〕靖逸叶贤良绍翁：指叶绍翁（1194—1269年），字嗣宗，号靖逸，龙泉（今浙江龙泉）人，南宋中期诗人。著有《四朝闻见录》《靖逸小稿》《靖逸小稿补遗》等。
〔5〕过从：交往。
〔6〕啖：吃。
〔7〕皤（pó）：白色。

译文 ‖ 王承宣医师经常将萝卜捣碎取汁，和面做饼，说是能去除面毒。《本草》说："地黄与萝卜同食，能使人头发变白。"水心先生酷爱吃萝卜，甚至超过了服玉。他曾对杨诚斋说："萝卜就是辣味的玉。"

我与叶靖逸老先生交往二十年，他每次吃饭必吃萝卜，连皮生吃，才能大快朵颐。叶老先生平生读书不亚于水心先生，而且两人的嗜好大体相同。有人说："萝卜能通心气，所以文人喜欢吃。"然而叶靖逸先生还没老，头发却已变白，难道是服食地黄的缘故吗？

麦门冬[1]煎

原文 ‖ 春秋,采根去心,捣汁和蜜,以银器重汤[2]煮,熬如饴为度。贮之瓷器内。温酒化。温服,滋益多矣。

注释 ‖ 〔1〕麦门冬:中药名,百合科多年生草本植物。以块根入药,有滋阴润肺、益胃生津、清心除烦之功效,用于燥咳痰稠、劳嗽咳血、口渴咽干、心烦失眠。

〔2〕重汤:指隔水蒸煮。苏轼《地黄》诗:"沉水得樨根,重汤养陈

□ 饭店 《姑苏繁华图》局部 清 徐扬

早在先秦时期的市集上,就已经有了对外经营的饭店,其所经营的品种随着时代的发展,也越来越繁杂。清代画家徐扬所绘《姑苏繁华图》中的这家饭店就经营着家常便饭、各色小吃、五簋大菜等各色品种食物,其中五簋大菜指的是一种明清时期流行于江南的待客宴席,由鱼、肉、禽、什锦、甜菜五大类精选食材组成。

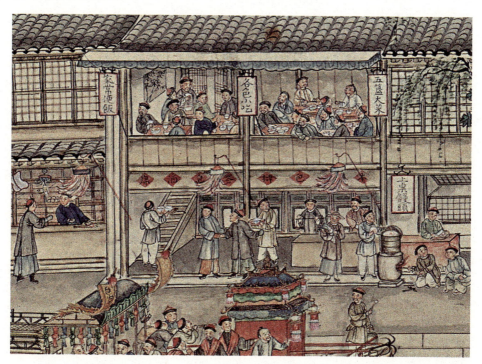

□ 麦门冬

《本草纲目》说：麦门冬生于山谷肥地，丛生，叶子像韭，果实青黄。随时可采。古人只用野生的，后世所用多是种植所得。在夏至前一日取根，洗晒收之。炮制方法是用滚水将根泡湿，少顷再抽去根的心；或者用瓦焙软，趁热去掉其心。麦门冬味甘，性平，无毒。可治身重目黄，口干燥渴，手足萎弱无力。能强阴益精，定肺气，安五脏，令人肥健，气色好。明·赵继宗《儒医精要》记载，麦门冬与地黄同用，能令人头发不白，补髓，通肾气，定喘促，令人肌体滑泽。

薪。"王十朋《集注》引赵次公曰："于鼎釜水中，更以器盛水而煮，谓之重汤。"

译文 ‖ 春秋季节，采麦门冬的根并去除中间的心，捣成汁，和上蜜，用银器隔水蒸煮，直到熬成糖饴状为止。然后放到瓷器内贮藏起来。服用时用温酒化开。温服，对身体有很多好处。

◎食品的贮存加工

　　食品的贮存加工是指对粮食、果蔬、肉类等生食或熟食进行的保质、保鲜处理。良好的贮存方法首先能在一定的时间内防止食品腐败变质，尽力保存其原有的风味和营养成分；其次，能使食品便于携带、运输，使人们能够方便享用新鲜、卫生的食品；最后，能丰富食品种类，丰富人们的饮食生活。

　　古人至少在先秦时期就开始对食材进行贮存和加工，《诗经》中就载有以冰窖藏食物的方法："二之日凿冰冲冲，三之日纳于凌阴。"《周礼》中亦有用"冰鉴"贮藏珍馐和酒浆的铭文，到了宋代，随着社会物质文化和人们生活水平的不断提高，以及食品种类的不断丰富，食品的贮存加工方式层出不穷，技术也日臻完善，形成了较为完整的食品贮存与加工体系。

保鲜贮存加工

　　保鲜的贮存加工意在使食物保鲜，食材本身基本不产生物理或化学变化，尽量维持其原有的外形、色泽、风味及鲜度，多应用于粮食与果蔬食品。

窖藏法

窖藏法主要是利用土壤的保温作用来贮藏粮食，其历史可追溯至新石器时代，到了宋代，更为常见。宋·徐元杰《梅野集》云："逐家当此丰年，皆有窖藏斛食。"除了粮产，窖藏法也用于贮存果蔬。如吴自牧《梦粱录·卷十八·果之品》言藏橘法："地中掘一窖，或稻草或松茅铺厚寸许，将剪刀就树上剪下橘子，不可伤其皮，即逐个排窖内，安二三层，别用竹作梁架定，又以竹蓖阁上再安一二层，却一缸合定或乌盆亦可。"

冷藏法

冷藏法是将食物放入低温环境中以免其变质、腐烂，主要用于熟食、鱼鲜和水果的贮藏。原理是，在低温下，食物中所含酶的活性会减弱，生物化学反应速度会减慢，食物中的微生物生长繁殖速度也会降低或受到抑制，因此在一定的期限内可令食物保鲜。而宋代的冷藏技术有了进一步发展，天然冰、腊雪水、井水均可冷藏食物。据宋·庞元英《文昌杂录》载，冷藏法贮存的水果，食用前要"取冷水浸良久"，待"冰皆外结"之后食用，而"味即如故"。苏轼《格物粗谈》言"夏天肴馔悬井中，经宿不坏"，正是利用天然的低温冷藏食物的典型。

密封法

密封法是指在密封的条件下贮藏食物,主要用于贮藏水果。由于密封环境使环境内的氧气不断消耗,而二氧化碳含量逐渐增高,水果的呼吸作用降低,所以营养物质消耗也相应减少,从而能长时间保鲜。苏轼《格物粗谈·卷上·果品》载:"地上活毛竹挖一孔,捡有蒂樱桃装满,仍将口密封固,夏开出不坏。"此外,还有以瓮、缸、瓶等作为贮藏器具的,密封材料则有纸、泥、荷叶等。

混放法

混放法是指在食物的贮藏环境中加入其他材料,利用化学作用来保存食物,可用来贮藏肉类、水果。用混放法贮藏肉类的记载,最早见于欧阳修《归田录》:"淮南人藏盐酒蟹,凡一器数十蟹,以皂荚半挺置其中,则可藏经岁不沙。"同书又载:"今唐、邓间多大柿,其初生涩,坚实如石。凡百十柿以一楔樝置其中,则红熟烂如泥而可食。"另如孟元老《东京梦华录》载:"卖生鱼则用浅抱桶,以柳叶间串,清水中浸。"柳叶的光合作用能减少水中二氧化碳的含量,增加氧气含量,从而延长鱼的存活时间。

灰藏法

灰是碱性物质,有吸收二氧化碳的作用。灰藏法可以减少食物贮存环境中的二氧化碳,抑制微生物滋生。如苏轼《格物粗谈·卷上·瓜蔬》载:"染坊沥过淡灰晒干,包藏瓜茄至冬可用。"将灰晒干而用则是为了降低其碱性,以免损伤食物。

沙藏法

沙藏法是利用沙子具有保温、透气的特点来贮藏食物,主要用于贮藏板栗和茶叶。宋·赵希鹄《调燮类编》载:"收栗子不蛀,以栗蒲灰淋汁浇,一宿出之,候干,置盆中,用沙土覆之。"宋代的板栗贮藏,还有"一层栗子一层沙"的分层贮藏法,其贮藏原理大致和现代生物学中的"层积处理"相同。

涂蜡法

涂蜡法是指在水果上涂蜡,以防止果品水分蒸发,从而令果品保鲜。中国是运用涂蜡保鲜技术较早的国家。隋文帝时已有"蜡涂黄柑"的记录。宋人用涂腊法贮藏水果尤其普遍。如宋·陈元靓《事林广记·葡萄》载:"葡萄以蜡纸裹,顿罐中,再溶蜡封之,至冬不枯。"

干制贮存加工

干制贮存加工是指通过加入配料、干燥或加热等处理，破坏微生物生存环境从而达到贮存食物的目的。除令食物保鲜外，还能丰富食物的食用方式和口味。

干制

干制是指对食材进行干燥处理。由于水分是微生物生命活动所必需的，所以通过日晒或人为加热，以减少食材中的水分，就能有效抑制微生物活动；还可以减轻食材的重量、缩小食材的体积，便于贮存、运输。如宋·蔡襄《荔枝谱》载晒荔枝法、宋·赞宁《笋谱》载"结笋干"法、元·浦江吴氏《中馈录》载"淡茄干方"等。

腌制

腌制法是指用糖、盐、酱、醋、酒、姜、蒜等调味佐料腌渍食品，可分为盐腌和糖腌两种，其中盐腌主要用于肉类，糖制主要用于果品。调味佐料能提高食材内部的渗透压、降低食材内水分活性，或促进微生物的正常发酵以降低食物pH值，从而抑制有害菌增殖和酶的活动，延长食品保质期。腌制食品既可保鲜，也利风味。

糟制

糟即糟卤，做酒剩下的渣子。糟制法即指用糟进行复合腌制加工，可分为熟糟和生糟。熟糟须将食材经熟制处理后，再用糟卤浸渍入味；生糟无须将食材经熟制处理，直接用糟汁腌制。糟制品在古代多称为鲊，鲊肉质松软、鲜嫩芬芳，具有独特风味，因此广受喜爱。熟糟法制品如元·浦江吴氏《中馈录》载"肉鲊""茭白鲊"等；生糟法如同书载"蛏鲊""糟茄子""糟萝卜法"等。

腊制

腊制法是将食材经盐腌后烘烤、烟熏，再风干的一种贮存方法。主要用于贮藏肉类，成品干香味浓，经久不坏。宋·陈元靓《岁时广记》中即载有制作腊羊肉、腊牛肉、腊猪肉的方法。

泡制

泡制法是指将食材放入酒、醋等料汁中进行腌制以保鲜，主要用于贮藏果蔬。宋代的泡制菜有许多种，其中，泡白菜为最具代表性的一种，如本文中的"冰壶珍"。除此之外，芹菜、蒀菜、芥菜、茄子等许多种时令新鲜蔬菜也被用来泡制。如宋·陶谷《清异录》中的"翰林齑"，元·浦江吴氏《中馈录》中的"倒蒀菜"等。

假煎肉[1]

原文 ‖ 瓠与麸[2]薄切,各和以料煎。麸以油浸煎,瓠以肉脂煎。加葱、椒、油、酒共炒。瓠与麸不惟[3]如肉,其味亦无辨者。吴何铸[4]晏客,或出此。吴中贵家,而喜与山林朋友嗜此清味,贤矣。或常作小青锦屏风,乌木瓶簪,古梅枝缀象,生梅数花置座右[5],欲左右未尝忘梅。

一夕,分题[6]赋词,有孙贵蕃、施游心,仆亦在焉。仆得心字《恋绣衾》[7],即席云:"冰肌生怕雪来禁,翠屏前、短瓶满簪。真个是、疏枝瘦,认花儿不要浪吟。等闲蜂蝶都休惹。暗香来时借水沉。既得个厮偎伴任风雪。"尽自于心,诸公差胜[8],今忘其辞。每到,必先酌以巨觥[9],名"发符酒",而后觞咏[10],抵夜而去。

今喜其子侄皆克肖[11],故及之。

注释 ‖ [1]假煎肉:唐宋时期制作的以素仿荤食品,都叫做"假某某",如孟元老《东京梦华录》中的"假河豚""假元鱼",陈元靓《事林广记》中的"假蛤蜊"等。

[2]麸(fū):面筋。江南地区的传统特色食品"烤麸"就是烤面筋。

[3]不惟:不仅。

[4]何铸(1088—1152年):字伯寿,浙江余杭人。宋政和五年(1115年)进士,历官州县,先后任秘书郎、监察御史、御史中丞等职。卒谥"通惠",嘉定元年(1208年)改谥"恭敏"。

[5]乌木瓶簪,古梅枝缀象,生梅数花置座右:不可解。一本作"乌木瓶簪古梅,枝缀象生梅数花置座右",意为"乌木瓶里插着古梅,枝头缀着几朵鲜花样的梅花,放在座位一边"。

[6]分题:古代文人聚会时,分探题目而赋诗,谓之分题。又称探题。宋·严羽《沧浪诗话·诗体》:"有拟古,有连句,有集句,有分题。"自注:"古人分题,或各赋一物,如云送某人分题得某物也。或曰探题。"

[7]《恋绣衾》:词牌名,又名"泪珠弹"。下文所引诗词疑读有误,按《恋绣衾》词牌格式,应为"冰肌生怕雪未禁,翠屏前、短瓶满簪。真个是、疏枝瘦,认花儿、不要浪吟。等闲蜂蝶都休惹,暗香来、时借水

□ 《兰亭禊饮图》局部　清　樊圻

　　修禊，源自商周的一种古老习俗，指农历三月三日到水边举行除灾祈福的仪式，意在向上天祈福以去病患、除鬼魅。兰亭修禊是指东晋永和九年（353年）三月三日的修禊日，谢安等全国军政高官、显赫家族四十余人应会稽内史王羲之邀，齐聚会稽郡山阴城的兰亭行修禊之事，盛会上众人曲水流觞、宴游赏景，每人都作了诗文，由王羲之编成集子，并为之作了序，即著名的《兰亭集序》。

沉。既得个、厮偎伴，任风霜、尽自放心"。

〔8〕差胜：略胜。

〔9〕觥：古代用兽角做的酒器。

〔10〕觞咏：饮酒咏诗。晋·王羲之《兰亭集序》："一觞一咏，亦足以畅叙幽情。"

〔11〕克肖：相似。指能继承前人。

译文 ‖ 瓠子与面筋切成薄片，分别和上调料煎。面筋用油浸后煎，瓠子用肉脂煎。再加上葱、椒、油、酒一起炒。这样做出来的瓠子与面筋不光看上去像肉，味道也难分辨。何铸宴请客人的时候，有时会上这道菜。何铸是吴中一带的权贵人家，却喜欢和隐居山林的朋友吃这种风味菜，真是位贤人啊。他家还常设小青锦屏风，乌木瓶里插着古梅，枝头缀着几朵鲜活的梅花，放在座位一边，以让自己一刻也不能忘梅。

　　一天晚上，分题赋词，有孙贵蕃、施游心等人，我也在。我分到的题目是心字《恋绣衾》，即席写道："冰肌生怕雪来禁，翠屏前、短瓶满簪。真个

面筋 味甘，性凉，无毒。解热，益脾胃，有劳热的人适宜将它煮来吃。能宽中益气。

麦苗 将麦苗煮成汁服用还可以解虫毒。此外，它还可以解除瘟疫狂热，除烦闷，消胸膈热，利小肠。将它制成粉末吃，可使人面色红润。

麦麸 在水中揉洗，可制成面筋，是素吃的主要物品。和面做饼，止泄痢，调中去热。以醋拌蒸热，袋盛，熨烫冷湿腰腿伤折处，止痛散血。醋蒸，熨手足风湿痛、寒湿脚气。将它研成末服用，能止虚汗。麦麸性凉并且柔软，所以还可以用来缝制床垫，卧在上面对治愈疮肿溃烂流脓、痘疮有好处。

面 味甘，性温，有微毒。长时间食用，使人肌肉结实，助肠胃，增强气力。它可以养气，补不足，有助于五脏。将它和水调服，可以治疗中暑。将它敷在痈疮损伤处，可以散血止痛。

□ 小麦（麸）

小麦又称"来"。《本草纲目》说：小麦磨的面粉味甘，性温，有微毒。麦面补虚，长期食用使人肌肉结实，助肠胃，增气力。

是、疏枝瘦，认花儿、不要浪吟。等闲蜂蝶都休惹，暗香来、时借水沉。既得个、厮偎伴，任风雪、尽自放心。"其他人都比我写得好，不过现在已记不清他们写的什么词了。每次去，必定要先喝一大杯酒，叫做"发符酒"，而后才饮酒作诗，直到夜深才散去。

现在我很高兴看到何铸的子侄辈都能继承他的风采，所以将这事记下来。

◎ 麸鲊

将一斤面筋切成细条，用红曲末染好。与切成丝的笋干、萝卜、葱白、熟芝麻和花椒各二钱，半钱砂仁、半钱莳萝、半钱茴香、少许盐、三两熟香油，一并搅拌均匀，就可以食用了。

——元·韩奕《易牙遗意》

◎ 煎麸

把麸坯放到蒸笼里蒸熟后切成大片，连同调料、酒、浆一并煮透，晒干。再放进油锅里煎至浮起来捞出，就可以食用了。

——元·韩奕《易牙遗意》

橙玉生

原文 ‖ 雪梨[1]大者,去皮核,切如骰子[2]大。后用大黄熟香橙,去核,捣烂,加盐少许,同醋、酱拌匀供,可佐[3]酒兴。葛天民[4]《尝北梨》诗云:"每到年头感物华,新尝梨到野人家。甘酸尚带中原味,肠断春风不见花。" 虽非味梨,然每爱其寓物,有《黍离》之叹[5],故及之。如咏雪梨,则无如张斗埜蕴[6]"蔽身三寸褐,贮腹一团冰"之句。被褐怀玉[7]者,盖有取焉。

注释 ‖ 〔1〕雪梨:一种常见水果,因肉嫩白如雪故称。

〔2〕骰子:一种游戏或赌博用的骨制器具。

〔3〕佐:帮助。

〔4〕葛天民:字无怀,南宋诗人,越州山阴(今浙江绍兴)人。曾为僧,法名义铦,字朴翁。后还俗,居杭州西湖。与姜夔、赵师秀等多有唱和。其诗为叶绍翁所赞许,有《无怀小集》行世。

〔5〕《黍离》之叹:指对国家今不如昔的哀叹,也指国破家亡之痛。典出《诗经·王风·黍离》。

〔6〕张斗埜(yě)蕴:张蕴(一作韫),生卒年不详,字仁溥,号斗埜,扬州(今属江苏)人。理宗嘉熙年间为沿江制置使属官,宝祐四年(1256年)以干办行在诸司粮料院为御试封弥官。著有《斗埜稿》一卷。

〔7〕被褐怀玉:被,通"披"。褐,粗布衣服。玉,宝玉,比喻才德。身穿粗布衣服,怀里却藏着美玉。比喻有才能而深藏不露,也比喻出身贫寒而怀有真才实学。典出《老子》第七十章:"知我者希,则我者贵,是以圣人被褐怀玉。"

译文 ‖ 选大个的雪梨,去掉皮和核,切成骰子大小。然后用大个的黄色的熟香橙,去核,捣烂,加少许盐,同醋、酱拌匀食用,可以用来下酒。葛天民的《尝北梨》诗说:"每到年头感物华,新尝梨到野人家。甘酸尚带中原味,肠断春风不见花。"虽然描写的不是梨的味道,但却很喜欢他的寓情于物,颇有"黍离之叹",所以记了下来。至于咏雪梨的诗,都比不上张斗埜"蔽身三寸褐,贮腹一团冰"的句子。那些出身贫寒但富有才华的人,大概能从中有所借鉴吧。

□ 梨

又称快果、果宗、玉乳等。《本草纲目》说，梨的品种很多，乳梨即雪梨，鹅梨即绵梨，消梨即香水梨，都是上品，可以治病。有种醋梨，经水煮熟后，则甜美而不损人。前人说的好梨大都产于北方，南方只有宣城（今安徽宣城）的最好。梨味甘，微酸，性寒，无毒，有治风热、润肺凉心、消痰降火、解毒的功用，但吃多了会使脾胃受寒。

⊙ 文中诗赏读

尝北梨

〔南宋〕葛天民

每到年头感物华，新尝梨到野人家。

甘酸尚带中原味，肠断春风不见花。

玉延索饼[1]

原文 ‖ 山药,名薯蓣[2],秦楚之间名玉延。花白,细如枣,叶青,锐于牵牛[3]。夏月,溉以黄土壤,则蕃[4]。春秋采根,白者为上,以水浸,入矾少许。经宿,净洗去延[5],焙干,磨筛为面。宜作汤饼用。如作索饼,则熟研,滤为粉,入竹筒,微溜于浅酸盆内[6],出之于水,浸去酸味,如煮汤饼法。如煮食,惟刮去皮,蘸盐、蜜皆可。其性温,无毒,且有补益。故陈简斋[7]有《玉延赋》,取香、色、味为三绝。陆放翁[8]亦有诗云:"久缘多病疏云液,近为长斋煮玉延。"比于杭都多见如掌者,名"佛手药",其味尤佳也。

注释 ‖ [1]索饼:今之面条。
[2]薯蓣(yù):山药,多年生蔓草植物。块茎为常用中药"怀山药",有强壮脾胃、益肺肾、祛痰的功效。
[3]牵牛:牵牛花,因其花形似喇叭,又叫喇叭花,是常见的观赏植物。其果实、种子都具药用价值。
[4]蕃:生长茂盛。
[5]净洗去延:一本作"洗净去涎",即洗净去掉山药的黏液。
[6]浅酸盆内:一本作"浅醋盆内"。
[7]陈简斋:陈与义(1090—1139年),字去非,号简斋,洛阳(今河南洛阳)人,北宋末、南宋初年诗人。著有《简斋集》。诗尊杜甫,前期作品清新明快,后期雄浑沉郁。同时也工于填词,其词存于今者虽仅十余首,却别具风格,豪放处尤近于苏轼,语意超绝,自然浑成。
[8]陆放翁:陆游(1125—1210年),字务观,号放翁,越州山阴(今浙江绍兴)人,南宋诗人。陆游一生笔耕不辍,诗词文具有很高成就。其诗兼具李白的雄奇奔放与杜甫的沉郁悲凉,尤以饱含爱国热情,对后世影响深远。其词与散文成就亦高,宋人刘克庄谓其词"激昂慷慨者,稼轩不能过"。著有《剑南诗稿》《渭南文集》《老学庵笔记》《南唐书》等。

译文 ‖ 山药,即薯蓣,秦楚之间叫玉延。开白色花,细小得像枣花,青色叶子，比牵牛花叶尖。夏季的时候，用黄土壤种植灌溉，就生长得茂盛。春秋的时候，采其根，颜色发白者为上品，用水浸泡，加入少许矾。过一宿后，将山药洗净去掉黏液，焙干，磨碎筛成细面。可以作汤饼用。如果做面条，则多研磨，滤出粉，放入竹筒内，在浅醋盆内稍微过一下捞出。再放入水中，泡去酸味，如同煮汤饼的方法。如果是煮了吃，只需刮去皮，蘸盐、蜜都可以。山药性温，无毒，对身体有补益作用。所以陈简斋有《玉延赋》，评价其香、色、味为"三绝"。陆放翁也有诗说："久缘多病疏云液，近为长斋煮玉延。"临近杭州的地方多见，长得像手掌的山药，名叫"佛手药"，味道尤其好。

⊙ 文中诗赏读

书怀

〔南宋〕陆游

濯锦江头成昨梦，紫芝山下又新年。
久因多病疏云液，近为长斋进玉延。
啼鸟傍檐春寂寂，飞花掠水晚翩翩。
支离自笑生涯别，一炷炉香绣佛前。

大耐糕

原文 ‖ 向云杭公衮夏日命饮,作大耐糕。意必粉面为之。及出,乃用大李子。生者去皮剜核,以白梅、甘草汤煠过。用蜜和松子肉、榄仁去皮、核桃肉去皮、瓜仁划[1]碎,填之满,入小甑[2]蒸熟。谓"耐糕"也。非熟,则损脾。且取先公"大耐官职[3]"之意,以此见向者有意于文简之衣钵[4]也。

夫天下之士,苟知"耐"之一字,以节义自守,岂患事业之不远到哉!因赋之曰:"既知大耐为家学,看取清名自此高。"《云谷类编》[5]乃谓大耐本李沆[6]事,或恐未然。

注释 ‖ 〔1〕划(chǎn):削,铲。
〔2〕甑:古代炊具。
〔3〕大耐官职:向敏中被授予仆射官职时,宠辱不惊,被宋真宗赞为"大耐官职",意思是耐得住寂寞,禁得起授官、升官。向敏中(949—1020年),字常之,开封府(今河南开封)人,北宋初年名臣,官至左仆射、

□ 五行图之五脏与五味

食物有酸、甘、苦、辛、咸五味,古人认为每一味都与五行和五脏一一对应。多食酸味会伤害脾,多食咸味会伤害心,多食苦味会伤害肺,多食辛味会伤害肝,多食甜味则会伤害肾。

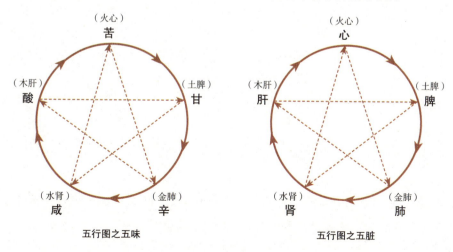

五行图之五味　　　　　五行图之五脏

叶　味甘、酸，性平，无毒。煎汤洗身，可治小儿高热不退、恶热、疟疾引起的惊病，效果良好。

花　味苦、香，无毒。将它制成末洗脸，使人面色润泽，去粉刺黑斑。

核仁　味苦，性平，无毒。可治跌打损伤引起的筋骨折伤，骨痛瘀血。使人气色好。治女子小腹肿胀，利小肠，去水肿，治面上黑斑。

树胶　味苦，性寒，无毒。治目翳、镇痛消肿。

根白皮　性大寒，无毒。煎水含漱，治牙痛。

□李

又叫嘉庆子。《本草纲目》说：李有近百个品种，李子大的有像家禽蛋那样大，也有如樱桃般小的。有甘、酸、苦、涩等数种味道。北方有一种御黄李；江南建宁有一种均亭李；还有擘李、糕李等，都是李子中的珍品。夏天李子变黄时摘下，加盐搓揉去汁，再和盐晒，最后剥去核晒干，即可制成干果。李子味苦、酸，性微温，无毒。晒干后吃，可去痼热，调脾胃。但李子含有大量果酸，吃多了容易生痰湿、伤脾胃、损害牙齿。

昭文馆大学士。卒后谥号"文简"。

〔4〕衣钵：原指佛家师徒传授之法器，后泛指师传的思想、学术、技能等。

〔5〕《云谷类编》：指《云谷杂记》，南宋·张淏编著，成书于宋宁宗嘉定五年（1212年），是一部以考史论文为主的笔记，原书已佚。现流传于世的为《永乐大典》本，系清代乾隆时从《永乐大典》中辑刊的《云谷杂记》四卷本。

〔6〕李沆（hàng）（947—1004年）：字太初，洺州肥乡（今河北邯郸）人，北宋时期名相、诗人。官至尚书右仆射，谥号"文靖"。李沆以清静无为治国，注重吏事，有"圣相"之美誉，史称其为相"光明正大"，王夫之称其为"宋一代柱石之臣"。

译文 ‖ 向云杭公夏天召我去饮酒，吩咐人做大耐糕。我以为一定是粉面做的。等到端出来，才知道是用大李子做的。取生李子去皮，剜出核，用白梅、甘草汤焯过。再用蜜和松子肉、去皮的榄仁、核桃肉和切碎的瓜仁填满，放入小甑蒸熟，称为"耐糕"。如果未蒸熟就食用，会损伤脾胃。"耐糕"一名有取其先祖"大耐官职"的意思，由此可见向云杭公也有继承文简公衣钵的志向。

　　天下的文士们，如果懂得"耐"字的深意，自守节义，哪里需要担忧事业不远大呢！因此赋诗："既知大耐为家学，看取清名自此高。"《云谷类编》说"大耐官职"一事说的是李沆，恐怕未必正确。

鸳鸯炙雉

原文 ‖ 蜀有鸡，嗉中藏绶如锦[1]，遇晴则向阳摆之，出二角寸许。李文饶[2]诗："葳蕤散绶轻风里，若御若垂何可疑。"[3]王安石[4]诗云："天日清明即一吐，儿童初见互惊猜。"生而反哺，亦名孝雉。杜甫有"香闻锦带美"[5]之句，而未尝食。

向游吴之芦区，留钱春塘。在唐舜举家持螯把酒。适有弋人[6]携双鸳至。得之，燖，以油爁[7]，下酒、酱、香料燠[8]熟。饮余吟倦，得此甚适。诗云："盘中一箸休嫌瘦，入骨相思定不肥。"[9]不减锦带[10]矣。靖言[11]思之，吐绶鸳鸯，虽各以文采烹，然吐绶能反哺[12]，烹之忍哉？

雉，不可同胡桃、木耳笋食[13]，下血[14]。

注释 ‖ 〔1〕嗉（sù）中藏绶如锦：嗉，许多鸟类食管的扩大部分，形成一个小囊，用来贮存并初步浸解食物。绶，本义是丝带，绶带的颜色常用以标志不同的身份与等级，此处指鸡的肉垂。这里的鸡指的是吐绶鸡，俗称火鸡，又名珍珠鸡，以喉下肉垂似绶得名。《本草纲目·禽二·附吐绶鸡》："出巴峡及闽广山中，人多畜玩。大者如家鸡，小者如鸽鸠。头颈似雉，羽色多黑，杂以黄白圆点，如真珠斑。项有嗉囊，内藏肉绶，常时不见，每春夏晴明，则向日摆之。顶上先出两翠角，二寸许，乃徐舒其颔下之绶，长阔近尺，红碧相间，采色焕烂。"
〔2〕李文饶：李德裕（787—850年），字文饶，赵郡赞皇（今河北省赞皇县）人，唐代政治家、文学家。曾任官兵部尚书、山南西道节度使、中书侍郎、镇海节度使、淮南节度使等职。经历宪宗、穆宗、敬宗、文宗四朝，一度入朝为相，功绩显赫，拜太尉，封为赵国公。
〔3〕葳蕤（wēi ruí）散绶轻风里，若御若垂何可疑：传为李德裕的《咏吐绶鸡（句）》，一本作"葳蕤散绶轻风里，若御若垂何可拟"。葳蕤，本指草木茂盛貌，这里指吐绶鸡散绶时华美、艳丽的样子。若御若垂，有时竖立有时垂下；何可拟，没有什么可比拟的。
〔4〕王安石（1021—1086年）：字介甫，号半山，抚州临川（今江西抚州）人。宋神宗熙宁二年（1069年）为参知政事，次年拜相，主持变法。

因守旧派反对,熙宁七年(1074年)罢相。一年后,被神宗再次起用,旋即又罢相,退居江宁。卒后累赠为太傅、舒王,谥号"文",世称王文公。王安石为北宋政治家、文学家、改革家,名列"唐宋八大家",有《临川集》等著作存世。

〔5〕香闻锦带美:疑为"香闻锦带羹",句出杜甫诗《江阁卧病走笔寄呈崔、卢两侍御》:"滑忆雕菰饭,香闻锦带羹。"

〔6〕弋(yì)人:猎人。弋,用带绳子的箭射鸟。

〔7〕爁(làn):烧、烤。

〔8〕燠(yù):暖,热。

〔9〕盘中一箸休嫌瘦,入骨相思定不肥:从盘中挟一箸肉不要嫌瘦,鸳鸯的刻骨相思不会使它肉肥。

〔10〕锦带:莼菜。

〔11〕靖言:安静地。言,助词。

〔12〕反哺:雏鸟长大后,衔食喂母鸟,比喻子女长大奉养父母。出自《初学记·鸟赋》:"雏既壮而能飞兮,乃衔食而反哺。"

〔13〕箪(dān)食:箪,古代用竹子等编成的盛饭用的器具。这里指雉不能与胡桃、木耳同食。

〔14〕下血:病证名,即便血。

译文 ‖ 蜀地有种鸡,嗉子中藏着像锦带一样的肉绶,遇到晴天就会冲着太阳摆动,头顶上伸出两个一寸多长的角。李文饶有诗写道:"葳蕤散绶轻风里,若御若垂何可疑。"王安石的诗说:"天日清明即一吐,儿童初见互惊猜。"这种鸡天生就会反哺,因此又称"孝雉"。杜甫有"香闻锦带羹"的诗句,然而从未尝过。

以前游历吴地的芦区,留在钱春塘家过夜。在唐舜举家食蟹饮酒。正巧有猎人送来两只鸳鸯。拿到后,先用开水将毛烫掉,再用油烤,然后下酒、酱和香料煨熟。酒后或者读书倦了,品尝这道美味十分惬意。诗云:"盘中一箸休嫌瘦,入骨相思定不肥。"其味道不减锦带。静心一想,吐绶鸡和鸳鸯,虽然都因色彩艳丽而被烹,但是吐绶鸡能反哺报恩,怎么能忍心烹来吃了呢?

雉,不能和胡桃、木耳同吃,会便血。

☐ 鸳鸯

又叫黄鸭、匹鸟。《本草纲目》说：鸳鸯生活在南方的湖泊小溪中，和水鸭差不多大小。颜色为杏黄色，羽有纹理，头红，翅黑，尾巴黑，脚掌红，头部有很长的白毛垂到尾部，休息时雄雌两只颈部相互缠接。其肉味咸，性平，有小毒。可治痔瘘疥癣，有强身美容功效。

☐ 锦鸡

《本草纲目》说：有一种叫吐绶鸡的，出产在四川东部，及两广、福建等地的山中。这种鸡长得大的如家禽鸡，小的像鸰鸽。头部、颊部像野鸡，黑色羽毛，夹杂黄、白圆点，像珍珠一样。颈部有嗉囊，内藏肉带，平常见不到，每到春夏天气晴朗的日子，它便将肉带向着太阳吐出来。它的头顶上先伸出两只角，约二寸长，再慢慢吐出约一寸长的肉带，红绿相间，色彩灿烂，过一会儿就藏起来。

⊙ 文中诗赏读

吐绶鸡

〔北宋〕王安石

樊笼寄食老低摧,组丽深藏肯自媒?

天日清明聊一吐,儿童初见互惊猜。

笋蕨[1]馄饨

原文 ‖ 采笋、蕨嫩者,各用汤焯。以酱、香料、油和匀,作馄饨供。向者[2],江西林谷梅少鲁家,屡作此品。后,坐古香亭下,采芎[3]、菊苗荐茶,对玉茗花[4],真佳适也。玉茗似茶少异,高约五尺许,今独林氏有之。林乃金石台山房之子,清可想矣。

注释 ‖ [1]蕨:多年生草本植物,生在山野草地里,根茎长,横生地下,羽状复叶,以孢子繁殖。嫩叶叫蕨菜,可食用,根状茎可制淀粉,也可入药。
[2]向者:过去,以前。
[3]芎(xiōng):多年生草本植物,羽状复叶,白色,果实椭圆形,产于四川和云南。全草有香气,地下茎可入药。亦称"川芎"。
[4]玉茗花:山茶花,属山茶科山茶属植物,是中国十大名花之一,常绿灌木或小乔木,高可达三四米。

□ 川芎

又称芎藭、胡藭等。《本草纲目》说:江东、川蜀、陕西多有生长,以川蜀生长得最佳。四五月长叶,叶有香味,江东、蜀人常采其叶做茶饮。

根 味辛,性温,无毒,可以入药。可治中风后头疼,除体内寒气,温中补劳,壮筋骨,调血脉。还可治吐血、便血、鼻血及妇女月经不调等血证。与蜜做成丸服,对外风触痰证有特效。

□ 山茶

《本草纲目》说：其叶似茗，也可饮用，故得茶名。深冬时开花，红瓣黄蕊。其花可治吐血、鼻血、便血、腹泻等，研成粉末，再用麻油调涂，可治汤火伤疮。

蕨根 皮内有白粉，捣烂后洗净，待沉淀后，可以取粉做饼，或刨掉皮做成粉条吃，味道滑美。

□ 蕨

《本草纲目》说：各处山中都有蕨。二三月生芽，卷曲的形状如小儿拳头。长成后则像展开的凤尾，有三四尺高。蕨茎嫩时可以采收，晒干做蔬菜，味道甘滑。蕨味甘，性寒、滑，无毒。可治突发高热，催眠，补五脏不足。蕨的缺点在于性寒而滑，利小便，泄阳气，不可常吃。

译文 ‖ 采嫩竹笋和蕨菜，分别用开水焯一下。然后用酱、香料、油拌匀，可做馄饨馅吃。以前，江西林谷梅少鲁家经常做这种馄饨。吃完以后，坐在古香亭下，采芎、菊苗冲茶，面对着玉茗花，甚是舒适享受。玉茗花像茶树，又稍有区别，高约五尺多，如今只有林家有。林氏是金石台山房之子，其清雅可想而知。

雪霞羹

原文 ‖ 采芙蓉花,去心、蒂,汤焯之,同豆腐煮。红白交错,恍如雪霁[1]之霞,名"雪霞羹"。加胡椒、姜,亦可也。

注释 ‖ 〔1〕雪霁:雪后天晴。霁,雨后或雪后转晴。

译文 ‖ 采芙蓉花,去掉花心、花蒂,用开水焯一下,同豆腐一起煮。雪白的豆腐和红色的花朵交错在一起,就好像雪后晴天的彩霞,所以起名叫"雪霞羹"。煮时加胡椒、姜也是可以的。

□ **木芙蓉**

又称地芙蓉、木莲、华木、拒霜。《本草纲目》说:花艳如荷花,故有芙蓉、木莲之名。八九月始开,故名拒霜。其花有红、白、黄诸种,最耐寒而不落。其花、叶味微辛,性平,无毒。具有清肺凉血,散热解毒的功效,可治一切大小痈疽、肿毒、恶疮等。

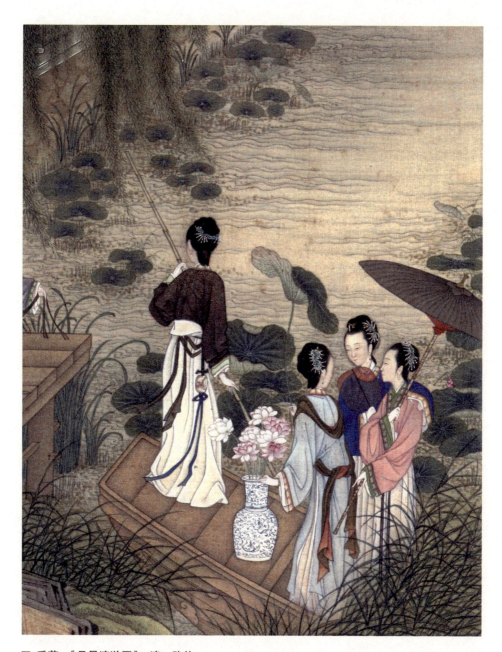

□ 采莲 《月曼清游图》 清　陈枚

莲花色美气香，因此被广泛栽种。每到秋季，少女多乘小舟出没于莲池之中，轻歌互答，采摘莲花、莲子。因其出淤泥而不染的特点和自身的食用价值，莲花自古以来颇受文人喜爱，如本文提到的"雪霞羹""莲房鱼包"等，民间还常用鲜荷叶或干荷叶蒸饭，这样做出来的米饭带有荷叶的清香，沁人心脾。

鹅黄豆生

原文 ‖ 温陵[1]人前中元[2]数日,以水浸黑豆,曝[3]之。及芽,以糠秕[4]置盆内,铺沙植豆,用板压。及长,则覆以桶,晓则晒之。欲其齐而不为风日损也。中元,则陈于祖宗之前。越三日,出之,洗焯,以油、盐、苦酒、香料可为茹。卷以麻饼尤佳。色浅黄,名"鹅黄豆生"。

仆游江淮二十秋,每因以起松楸之念[5]。将赋归[6],以偿此一大愿也。

注释 ‖ [1]温陵:福建泉州的别称。《舆地纪胜》引旧图经:"其地少寒,故云。"

[2]中元:农历七月十五,中国传统的"鬼节"之一(中国三大"鬼节"分别是清明、中元、寒衣),是汉族人祭祀亡故亲人、缅怀祖先的日子。

[3]曝(pù):晒。

[4]糠秕(bǐ):在打谷或加工过程中,与种子分开的皮或壳。

[5]松楸之念:松楸,松树与楸树。古人墓地多植有此树,因以此代称坟墓。特指父母坟茔,喻思乡之情。

[6]赋归:告归,辞官归里。《论语·公冶长》:"子在陈曰:'归与,归与!'"后以"赋归"表示告归,辞官归里。

译文 ‖ 温陵人在中元节前几天,用水泡黑豆,在太阳下曝晒。等生出豆芽,把糠秕放在盆内,再铺上沙子,把发芽的豆子种在里面,用木板压着。等到长大,就用桶盖起来,早上的时候则晒晒太阳。这是要让它长得齐整又不被风和烈日损伤。中元节时,将豆芽陈放在祖宗牌位之前。过三天,将豆芽取出,洗干净,用开水焯一下,用油、盐、醋和香料做成菜。用它卷麻饼吃,味道尤其好。豆芽颜色是浅黄色的,所以叫"鹅黄豆生"。

我在江淮一带游历了二十年,每想起这道菜就起思乡之念。真想辞官归里,以偿夙愿。

真君粥

原文 ‖ 杏子煮烂去核,候粥熟同煮,可谓"真君粥"。向游庐山,闻董真君[1]未仙时多种杏。岁稔[2],则以杏易谷;岁歉[3],则以谷贱粜[4]。时得活者甚众。后白日升仙。世有诗云:"争似莲花峰下客,种成红杏亦升仙。"岂必专而炼丹服气[5]?苟有功德于人,虽未死而名已仙矣。因名之。

注释 ‖ 〔1〕董真君:董奉(220—280年),又名董平,字君异,候官县(今福建长乐)人,三国时期名医。董奉医术高明,医德高尚,当时与谯郡的华佗、南阳的张仲景并称为"建安三神医"。
〔2〕岁稔(rěn):庄稼丰收之年。稔,庄稼成熟。

□ 杏

又称甜梅。《本草纲目》说:杏有多种,如沙杏甜而沙,梅杏黄而酸,金杏则大如梨、黄如橘。在杏类中,形状像梅的味道酸,像桃的味道甜。

叶 煮成浓汤热浸或口服,可治急性肿胀。

枝 治摔伤,取一把加一升水,煮至水减半,加酒三合和匀,分次口服,效果很好。

实 味酸,性热,有小毒。吃多了会伤筋骨,产妇尤其忌食。杏晒干做成果脯吃,可以止渴,去冷热毒。

根 治吃杏仁太多,以致迷乱将死,则将根切碎煎汤服,即解。

花 主补不足,治女子中焦脾胃之气受损,关节红肿热痛和肢体酸痛。

杏仁 味甘、苦,性温、冷利,有小毒。能解肌散风、降气润燥、消积、治伤损。治疮杀虫,是利用它的毒性。

〔3〕岁歉：庄稼歉收之年。

〔4〕粜（tiào）：卖出粮食。与"籴（dí）"相对。

〔5〕炼丹服气：古代道家的养生之术。炼丹，用朱砂炼制的使人长生不死的药。服气，又称食气、行气，指呼吸吐纳锻炼。

译文 ‖ 将杏子煮烂后去核，等粥熟的时候放入同煮，可以称作"真君粥"。我以前游庐山时，听说董真君在还没成仙时广种杏树。庄稼年成好的时候，就用杏子换谷子；庄稼歉收时，就把换来的谷子便宜卖出去。当时他救活了很多人。后来，董真君白日升天成仙。世上有诗流传："争似莲花峰下客，种成红杏亦升仙。"要成仙为什么一定要炼丹服气？假如有功德于世人，即使还没死，但名字已经列入仙籍了。因此用他的名字命名这种粥。

⊙ 文中诗赏读

题董真人

〔北宋〕张景

桃花漫说武陵源，误教刘郎不得仙。[1]
争似莲花峰下客，栽成红杏上青天。

注释 ‖ 〔1〕东汉永平五年，剡人刘晨、阮肇到天姥山采药，遇两位仙女，十分漂亮。二人与仙女结为夫妇，留半年，求归。到家后，子孙已历七世。后刘、阮只得返回山中寻求仙妻，却迷失道路再也找不到。

酥黄独

原文 ‖ 雪夜，芋[1]正熟，有仇芋[2]曰："从简[3]，载酒来扣门。"就供之，乃曰："煮芋有数法，独酥黄独世罕得之。"熟芋截片，研榧子[4]、杏仁和酱，拖面煎之，且白侈为甚妙[5]。诗云："雪翻夜钵截成玉，春化寒酥剪作金。"

注释 ‖ [1]芋：湿生草本植物。俗称芋头，又称芋艿。其块茎呈椭圆形或卵形，叶子呈卵形，短于叶柄，花为黄绿色。其根茎含淀粉多，供食用，也可药用。

[2]仇芋：和芋头有仇。此为反语，意为特别喜欢吃芋头，就像和芋头有仇一样。

[3]简：书信。

[4]榧（fěi）子：榧，又名野杉，常绿乔木，生长于山坡，野生或栽培。

□ 榧

《本草纲目》说：榧生长在深山中，又称野杉。有雌雄之分，雄的开黄色圆花，雌的结实，果实大小如枣。

榧实 又叫赤果、玉榧、玉山果。味甘、涩，性平，无毒。可治各种痔疮及寄生虫，助消化，益筋骨，行气血，明目轻身。用榧实煮素羹，羹的味道会更甜美。

其种子为榧子,又名榧实、玉山果。种子成熟后采摘,除去肉质外皮,晒干即可入药,具有杀虫、消积、润燥的功效。

〔5〕白侈为甚妙:此句不可解,疑原文有衍字或脱字。意为煎至略呈白色最好。

译文 ‖ 雪夜,芋头刚熟,有个嗜好吃芋头的朋友来了,说:"接到你的书信,就带着酒来敲门了。"于是端上芋头一起享用。朋友说:"做芋头有好几种方法,唯独'酥黄独'世上少有。"其做法是将煮熟的芋头切成片,将榧子、杏仁研碎,和上酱,裹上面糊煎炸,煎至略呈白色滋味更佳。正如诗云:"雪翻夜钵截成玉,春化寒酥剪作金。"

满山香

原文 ‖ 陈习庵[1]填《学圃》诗云:"只教人种菜,莫误客看花。"可谓重本而知山林味矣。仆春日渡湖,访雪独庵[2]。遂留饮,供春盘[3],偶得诗云:"教童收取春盘去,城市如今菜色多。"[4]非薄[5]菜也,以其有所感,而不忍下箸也。薛曰:"昔人赞菜,有云'可使士大夫知此味,不可使斯民有此色',诗与文虽不同,而爱菜之意无以异。"

一日,山妻[6]煮油菜羹,自以为佳品。偶郑渭滨[7]师吕至,供之,乃曰:"予有一方为献:只用蒔萝[8]、茴香、姜、椒为末,贮以葫芦,候煮菜少沸,乃与熟油、酱同下,急覆之,而满山已香矣。"试之果然,名"满山香"。比闻汤将军孝信[9]嗜畬菜[10],不用水,只以油炒,候得汁出,和以酱料畬熟,自谓香品过于禁脔[11]。汤,武士也,而不嗜杀,异哉!

注释 ‖〔1〕陈习庵:陈埙(1197—1241年),字和仲,号习庵,鄞州(今浙江宁波)人。宋宁宗嘉定十年(1217年)进士,调黄州教授。理宗即位,召为太学录。绍定年间通判嘉兴府,后召为枢密院编修官。端平元年(1234年)知衢州,徙福建转运判官。历浙西提点刑狱、吏部侍郎。著有《习庵集》,已佚。

〔2〕雪独庵:一本作"薛独庵",因下文有"薛曰",故为正解。

〔3〕春盘:古代风俗,立春日以韭黄、果品、饼饵等簇盘为食,亦可馈赠亲友,称为"春盘"。帝王亦于立春前一天,以春盘并酒赐近臣。

〔4〕教童收取春盘去,城市如今菜色多:且教童子把春盘收了去,城市里如今菜色多。菜色多,本指蔬菜品类多,此处一语双关,形容因饥饿而营养不良导致面露菜色的人很多。故下文有"不忍下箸"及"可使士大夫知此味,不可使斯民有此色"的话。

〔5〕薄:轻视。

〔6〕山妻:本指隐士之妻,后多用为对妻子的谦称。

〔7〕郑渭滨:南宋时人,道士,生平不详。南宋诗人徐集孙有《孤山访郑渭滨不值》《春日访四圣郑渭滨》等诗。

〔8〕蒔萝:又称小茴香。用以调味,亦可入药。

〔9〕汤将军孝信：指汤孝信，南宋将军，生卒年月不详。曾任左武大夫、福州观察使、左屯卫大将军，除建康府驻扎御前诸军都统制。

〔10〕盦（ān）莱："莱"疑为"菜"之误。盦菜，炒菜时覆盖起来闷熟。

〔11〕禁脔（luán）：脔，肉。禁脔，本指禁止染指的肉。典出《晋书·谢安传》附《谢混传》："元帝始镇建业，公私窘罄，每得一独（音tún，同豚，猪），以为珍馐。项上一脔尤美，辄以荐帝，群下未敢先尝，于时呼为'禁脔'。"后比喻独自享有，不容别人染指的东西。

译文 ‖ 陈习庵的《学圃》诗说："只教人种菜，莫误客看花。"可谓是重视耕种本业又深知山林野趣。我春天渡湖，拜访薛独庵，留下饮酒。主人端上春盘，我偶得诗云："教童收取春盘去，城市如今菜色多。"并不是轻视蔬菜，是因为看到春盘后有感于心，不忍下箸。薛独庵说："以前的人称赞此菜说'可让士大夫知道菜味，不可使百姓脸有菜色'，诗与文虽然不同，但爱菜的意思没有什么两样。"

一天，妻子煮了油菜羹，我认为是佳品。正巧郑渭滨来了，便请他享用，他说："我有一个方子献给你：只用莳萝、茴香、姜、花椒研成末，放在葫芦里，等到菜煮得稍微沸起来，就与熟油、酱一起放入，立刻盖好，这时已是满山飘香了。"试了一下果然如此，因此起名"满山香"。最近听说汤孝信将军嗜好吃盦菜，不用水，只用油炒，等炒出汁，再用酱料煨熟，他自己说其味之香超过了禁脔。汤将军，是个武将，却不喜好杀生，也是很奇异的事了！

酒煮玉蕈[1]

原文 ‖ 鲜蕈净洗，约水煮。少熟，乃以好酒煮。或佐以临漳绿竹笋，尤佳。施芸隐枢[2]《玉蕈》诗云："幸从腐木出，敢被齿牙和[3]。真有山林味，难教世俗知。香痕浮玉叶，生意满琼枝。饕腹[4]何多幸，相酬独有诗。"今后苑多用酥灸，其风味尤不浅也。

注释 ‖ 〔1〕玉蕈：一种呈灰白色的野生菌，可食用。高约三寸许。《清稗类钞·植物类》："玉蕈为菌类植物，秋间丛生于林薄（草木生长茂盛的地方）。形似松蕈而小，伞灰色，柄白色，鲜者煮食，或曝干腌藏。"
〔2〕施芸隐枢：施枢，生卒年不详，字知言，号芸隐，丹徒（今江苏镇江）人，南宋诗人。端平元年（1234年）入浙东转运司幕，淳祐三年（1243年）知溧阳县。著有《芸隐倦游稿》及《芸隐横舟稿》各一卷，另有《四库总目》传世。
〔3〕敢被齿牙和："和"字有异文，《说郛》等本作"敢被齿牙私"。
〔4〕饕腹：饕，传说中的一种凶恶贪食的野兽。古代铜器上常用它的头部形状做装饰，比喻贪吃者。饕腹，贪吃。

译文 ‖ 鲜蕈洗净，用适量水煮。稍熟时，加入好酒煮。或者加上临漳出产的绿竹笋，味道很好。施枢的《玉蕈》诗说："幸从腐木出，敢被齿牙和。真有山林味，难教世俗知。香痕浮玉叶，生意满琼枝。饕腹何多幸，相酬独有诗。"如今皇宫中的后厨多用酥油煎烤，其风味一样醇厚。

◎ 酥油

将浮在牛奶表面上的油脂状凝结物取下来，放入锅中煎熬，即可炼制出酥油。

——元·忽思慧《饮膳正要·卷二·诸般汤煎》

鸭脚羹

原文 ‖ 葵[1]，似今蜀葵。丛短而叶大，以倾阳，故性温。其法与羹菜同。《豳风》六月所烹者[2]，是也。采之不伤其根，则复生。古诗故有"采葵莫伤根，伤根葵不生"之句。

昔公仪休[3]相鲁，其妻植葵，见而拔之曰："食君之禄，而与民争利，可乎？"今之卖饼、货酱、贸钱、市药，皆食禄者，又不止植葵，小民岂可活哉！白居易诗云："禄米獐牙稻，园蔬鸭脚羹"，因名。

注释 ‖ 〔1〕葵：这里指冬葵，古时一种重要蔬菜，《本草纲目》称其"为百菜之主，备四时之馔"。葵还分秋葵、春葵等品种。

〔2〕《豳（bīn）风》六月所烹者：《豳风》是《诗经》十五国风之一。此处化用《豳风·七月》的诗句"六月食郁及薁，七月亨葵及菽"。

〔3〕公仪休：春秋时期鲁国人，曾任鲁国宰相。因其清正廉洁而流芳后世。

□ 葵

又称露葵、滑菜。《本草纲目》说：葵菜，古人种来作为家常菜。它的叶大而花小，花为紫黄色，其中花最小的叫鸭脚葵。六七月种的叫秋葵，八九月种的叫冬葵，正月复种的叫春葵，宿根到春天也可再生。葵是喜阳光的草，不论土地肥沃还是贫瘠都能生长。古时为百菜之主，蔬菜之要品。

冬葵子 夏秋季种子成熟时采收。甘寒滑利，既能利水通淋，又能下乳、润肠，二便不利者均宜。

根 味甘，性寒，无毒。肥厚而耐寒。

茎、叶 味甘，性寒、滑，无毒。既可防荒年歉收，又可将其腌腊，曾对古代人民的生活起着很大的作用。

译文 ‖ 冬葵,样子和今天的蜀葵很像。丛短而叶子大,因为朝阳,所以性温。其做法和做羹菜相同。《诗经·豳风》里六月里所烹的菜,就是葵菜。只要采它的时候不伤着根,就会重新生长。所以古诗里有"采葵莫伤根,伤根葵不生"的句子。

以前公仪休做鲁国宰相时,他的妻子种植葵菜,他看到后就拔掉说:"我们吃着国君的俸禄,却和小老百姓争利,这怎么行呢?"如今那些卖饼的、卖酱的、做钱庄生意的、集市卖药的,都是拿着俸禄的人,又不止于种葵谋利,小老百姓如何还能活下去呢!白居易诗云:"禄米獐牙稻,园蔬鸭脚羹",因此起名叫"鸭脚羹"。

⊙ 文中诗赏读

官舍闲题

〔唐〕白居易

职散优闲地,身慵老大时。
送春唯有酒,销日不过棋。
禄米獐牙稻,园蔬鸭脚葵。
饱餐仍晏起,余暇弄龟儿。

石榴粉 银丝羹附

原文 ‖ 藕截细块,砂器内擦稍圆[1],用梅水同胭脂染色,调绿豆粉拌之,入鸡汁煮,宛如石榴子状。又,用熟笋细丝,亦和以粉煮,名"银丝羹"。此二法恐相因而成之者,故并存。

注释 ‖〔1〕砂器内擦稍圆:将藕块在砂器内擦磨成圆形。

译文 ‖ 将藕截成小块,在砂器内擦磨成小圆形,用梅子汁和胭脂上色,再调入绿豆粉搅拌匀,放入鸡汤里煮,就好像石榴子的形状。另外,将熟笋切成细丝,也拌上绿豆粉煮,名叫"银丝羹"。这两种方法应是相袭而成,所以一并记录下来。

广寒糕

原文 ‖ 采桂英[1],去青蒂,洒以甘草水,和米舂[2]粉,炊作糕。大比岁[3],士友咸作饼子相馈[4],取"广寒高甲[5]"之谶[6]。又有采花略蒸,曝干作香者,吟边酒里,以古鼎燃之,尤有清意。童用师禹诗云:"胆瓶清气撩诗兴,古鼎余葩晕酒香",可谓此花之趣也。

注释 ‖ [1]桂英:桂花。

[2]舂(chōng):把东西放在石臼或乳钵里捣,使其破碎或去皮壳。

[3]大比岁:古代科举考试每三年举行一次,称为"大比",所在的年份称为"大比年"或"大比岁"。

[4]馈:馈赠。

[5]广寒高甲:广寒,即广寒宫,又称蟾宫,神话中嫦娥奔月后居住的宫

□ 月桂

樟科月桂属的一种,为亚热带树种,喜光,耐阴。原产地中海一带,中国浙江、江苏、福建、台湾、四川及云南等省有引种栽培。常绿小乔木或灌木,树冠卵圆形,分枝较低,小枝绿色,有香气。叶互生,革质,广披针形,边缘波状,有醇香。单性花,雌雄异株,伞形花序簇生叶腋间,花小,多为淡黄色。核果椭圆状球形,熟时呈紫褐色。《本草纲目》说:吴刚伐月桂的传说起于隋唐小说;月桂落子的传说,则起于武则天时代。杭州灵隐寺下落月桂子,繁如雨、大如豆、圆如珠,颜色有白、黄、黑,唐·宋之问《灵隐寺》诗云:"桂子月中落,天香云外飘。"故桂花又名"天香"。

子 味辛,性温,无毒,研碎敷可治小儿耳后月蚀疮。

□ 殿试

殿试是中国古代科举考试制度中的最高一级考试,由武则天创制,于宋朝正式成制,明、清沿用。考生须通过童试、乡试、会试才能参加。殿试结果填榜后,就确定了新科进士的人选。对于大部分古代的读书人来说,科举考试是改变命运的唯一机会,文中所说的广寒糕取"广寒高甲"之意,每到大比之年,士子间就以此糕互赠,即是为了在科考关头取个好兆头,寄予金榜题名的美好祝愿。直至明代还保留有这种食用桂花蒸糕的习惯。

殿。古时称科举中第为"蟾宫折桂"。高甲,科举高中之意。科举考试录取分三甲:一甲三名,第一名称状元、鼎元,第二名称榜眼,第三名称探花,合称三鼎甲,赐进士出身。

〔6〕谶(chèn):迷信者所谓要应验的预言、预兆。

译文 ‖ 采摘桂花,去掉青色的花蒂,洒上甘草水,和米一起舂成粉,做成糕饼食用。大比之年,士子亲友们都做这种饼互相馈赠,以取"广寒高甲"的吉兆。也有将采摘的桂花略蒸一下,再晒干做成香的,吟诗喝酒的时候,用古鼎燃香,特别有清雅的韵味。童用师禹诗云:"胆瓶清气撩诗兴,古鼎余葩晕酒香",可谓深得此花之趣。

◎ **桂花饼**

桂花饼是一种常见的家常糕点。明人尤其擅长做桂花饼,这里介绍三种制法。

方法一:

将采下的桂花去掉蒂,研磨两三遍使其细匀,挤去苦水,在模具中做成小饼样,铺放在纸上,包裹严实,然后用火烘干即成。

——明·宋诩《宋氏养生部》

方法二:

将制成的桂花饼研磨成碎,加入白砂糖、梅酥,捣成细末,再用模子做成小饼状。

——明·宋诩《宋氏养生部》

方法三:

将三升鲜桂花捣至极细,挤去苦水,再加入磨成细粉的孩儿茶五钱、诃子去核四钱、甘草五分,捣拌均匀,用模子做成饼状,待饼晒干后再用火炙烤熟。如果做饼时在模子内抹上一层苏合香油或松仁油,则制做出来的饼光亮润泽,可以看到桂花的形状。饼做好后收在瓷罐中保存,经常食用可开胃消积。

——明·宋诩《宋氏养生部》

□ "科举四宴"

　　自唐代设立科举制度以来，各级各类考试后，通常都要赐宴顺利通过的士子，以示恩典，这就是古代著名的"科举四宴"。科举考试分设文武两科，四宴中鹿鸣宴、琼林宴为文科宴，鹰扬宴、会武宴为武科宴。鹿鸣宴始于唐代，至明、清一直相沿，是为新科举子而设的宴会，因起初宴席上要唱《诗经·小雅》中的"鹿鸣"诗而得名；琼林宴是为新科进士举行的宴会，始于宋代。"琼林"原为宋代名苑，位于汴京（今开封）城西，宋徽宗政和二年（1112年）以前，都是在这里宴请新及第的进士，因此相沿统称"琼林宴"；鹰扬宴取"武如鹰之飞扬"之意，是武科乡试放榜后考官及考中武举者共同参加的宴会；会武宴是武科殿试放榜后，由兵部举行的盛宴，规模较之鹰扬宴更大。

□ "三星在户"糕饼模具 清

    糕饼模具是古代人制作糕饼时的一种必备工具。糕饼模具也称糕饼印,通常为木制,上面刻有装饰。糕饼模具参与了人们生活的众多时刻:过年要做年糕,中秋要吃月饼,婚嫁要吃喜饼、喜糕,为老人贺寿要做寿糕,即使日常待客、馈赠也需要做一些花样小点心。图为清代的一款糕饼模具,为寿桃的形状,内部刻有寿星等适合纹样,寓意着长寿、吉祥。

河衹粥

原文 ‖ 《礼记》[1]:"鱼干曰薧[2]。"古诗有"酌醴焚枯[3]"之句。南人谓之鲞[4],多煨食,罕有造粥者。比游天台山,有取干鱼浸洗,细截,同米粥,入酱料,加胡椒,言能愈头风[5],过于陈琳之檄[6]。亦有杂豆腐为之者。《鸡跖集》[7]云:"武夷君[8]食河衹脯,干鱼也。"因名之。

注释 ‖ [1]《礼记》:儒家经典之一,是一部关于先秦礼制的重要典章制度选集,内容体现了先秦儒家的哲学思想、教育思想、政治思想等,是一部儒家思想的资料汇编。成书于汉代,共二十卷四十九篇,相传为西汉礼学家戴圣所编。

[2] 薧(kǎo):干的食物。

[3] 酌醴(zhuó lǐ)焚枯:喝甜酒,吃烤鱼。典出三国·应璩《百一诗》:"前者隳官去,有人适我闾。田家无所有,酌醴焚枯鱼。"唐·李善注:"蔡邕《与袁公书》曰:'酌麦醴,燔干鱼,欣然乐在其中矣。'"

[4] 鲞(xiǎng):剖开后晾干的鱼。

[5] 头风:中医病证名,头痛。《医林绳墨·头痛》:"浅而近者,名曰头痛;深而远者,名曰头风。"

[6] 陈琳之檄:檄,檄文。陈琳(?—217年),字孔璋,广陵射阳(今江苏盐城)人,东汉末年著名文学家,"建安七子"之一。文中指陈琳为袁绍所作的讨伐曹操的檄文。《三国志·魏志·王粲传》:"军国书檄,多琳瑀所作也。"裴松之注引三国·魏鱼豢《典略》:"琳作诸书及檄,草成呈太祖。太祖先苦头风,是日疾发,卧读琳所作,翕然而起曰:'此愈我病。'"大意是曹操正患头风病,卧在床上看了陈琳写的檄文,一跃而起说,这个可以治好我的病。

[7]《鸡跖(zhí)集》:宋·王子昭(《说郛》作王子韶)撰的一部笔记小说,原书十卷,已佚。

[8] 武夷君:传说中武夷山的仙人。《史记·封禅书》:"古者天子常以春解祠,祠黄帝用一枭破镜……武夷君用干鱼。"明·吴栻《武夷杂记》:"又考古秦人《异仙录》云:始皇二年,有神仙降此山,曰余为武夷君,

统录群仙，受馆于此。史称'祀以干鱼，乃汉武时事也'。今汉祀亭址存焉。"

译文 ‖《礼记》里说："鱼干叫薨。"古诗有"酌醴焚枯"的句子。南方人称之为"鲞"，多煨食，很少有用其做粥的。最近去天台山游玩，见有人把鱼干浸泡清洗后切碎，同米一起做粥，再加入酱料、胡椒，称能治头风，其疗效甚至比陈琳的檄文还好。也有掺上豆腐做的。《鸡跖集》说："武夷君食用的河祇脯，就是干鱼。"因此取名为"河祇粥"。

松玉

原文 ‖ 文惠太子[1]问周颙[2]曰："何菜为最？"颙曰："春初早韭，秋末晚菘[3]。" 然菘有三种，惟白于玉者甚松脆，如色稍青者，绝无风味。因侈[4]其白者曰"松玉"，亦欲世之食者有所取择也。

注释 ‖ 〔1〕文惠太子：萧长懋（458—493年），字云乔，南朝兰陵郡兰陵县（今江苏常州）人。其为南齐武帝萧赜长子，南齐建立后，受封南郡王。齐武帝即位，授南徐州刺史，册立为皇太子。三十六岁去世，追封文惠太子。

〔2〕周颙（yóng）：字彦伦，汝南安城（今河南汝南）人。南朝宋、齐文学家。著有文集二十卷，及《三宗论》《四声切韵》并行于世。

〔3〕菘（sōng）：今之白菜。

〔4〕侈：夸张，夸大。

译文 ‖ 文惠太子问周颙："什么菜最好吃？"周颙说："初春的早韭，秋末的白菜。"但是白菜有三种，只有比玉还白的那种最松脆，颜色稍微发青

□ 白菜

又称菘。《本草纲目》说：菘菜有两种，一种茎圆厚，微青；一种茎扁薄，白色。它们的叶子都为青白色的；菘菜子呈灰黑，八月以后下种。第二年二月开黄花，三月结角，也像芥角。菘菜做腌菜吃最好，不适合拿来蒸晒。

茎、叶　味甘，性温，无毒。利肠胃，除胸中堵塞烦闷，解酒后口渴。消食下气，止热邪咳嗽。冬天的白菜汁最好，可和中，利大小便。

的，一点风味也没有。因此称像玉一样白的白菜为"松玉"，也是想让世上那些吃白菜的人有所选择。

◎ **酸白菜**

方法一：

把整棵白菜放进开水里烫，但不要烫得太熟。然后将烫好的菜装进坛子里。煮面的汤留到发酸（如果没有面汤，用放酸了的饭汤也可以），将面汤灌进去没过白菜，过十多天就可以食用了。

——清·李化楠《醒园录》

方法二：

将白菜劈开切短，入滚水中烫一下就捞起（要捞得快才好），马上装进坛中，用烫菜的水灌下，封好坛口，不要接触空气。第二天就可以打开吃了。这样做出的白菜既酸又脆，而且汤汁也不浑浊。

——清·李化楠《醒园录》

雷公[1]栗

原文 ‖ 夜炉书倦,每欲煨[2]栗,必虑其烧毡之患[3]。一日马北鄜逢辰曰:"只用一栗醮[4]油,一栗醮水,置铁铫内,以四十七栗密覆其上,用炭火燃之,候雷声为度。"偶一日同饮,试之果然,且胜于沙炒者。虽不及数,亦可矣。

注释 ‖ 〔1〕雷公:神话中司雷的神。《山海经·海内东经》:"雷泽中有雷神,龙身人头,鼓其腹则雷。"
〔2〕煨:此处指将食材没入炭灰,利用高温加热。

□ 栗

栗是壳斗科栗属中的乔木,原生于北半球温带地区。最早见于《诗经》,可知其在我国的栽培历史至少有两千五百余年。栗除富含淀粉外,还含有糖类、胡萝卜素、疏胺素、核黄素、蛋白质、脂类、无机盐类。《本草纲目》说:栗有很多种,味咸,性温,无毒。可益气,厚肠胃,补肾气,令人耐饥。将袋装生栗挂起来晾干,每天吃十余颗,可治肾虚腰脚无力。再配以猪肾粥相助,久食必强健。风干的栗比晒干的好,火煨油炒的栗比蒸煮的好,但吃时仍需细嚼慢咽,如吃得太急,反而会伤脾。

花 单性,雌雄同株。雄花为直立柔荑花序,生于叶腋,淡黄褐色;雌花生于雄花序下部,雌花单独或2~5朵生于壳斗状总苞内。雄花序长10~20厘米,花序轴被毛;雌花发育结实,花柱下部被毛。花期4~6月。可治颈部淋巴结结核。

叶 椭圆形至长圆形顶部,至渐尖,基部近两形;新生叶基部常狭尖。叶背被星芒状伏贴茸毛。

果 成熟壳斗的锐刺长短不一,疏密不均,密时全部将壳斗外壁遮掩。壳内有坚果2~3个,即栗子。性温,味甘;入脾、肾、胃经;有养胃健脾、补肾强筋、活血止血的功效。但小儿不宜多吃栗子,吃生的难消化,熟的则胀气,往往会致病。

〔3〕烧毡之患：担心栗子受热后爆裂，引燃毛毡。典出后蜀何光远《鉴戒录·容易格》："太祖旋令宫人于火炉中煨栗子，俄有数栗爆出，烧损绣褥子……太祖良久曰：'栗爆烧毡破，猫跳触鼎翻。'"

〔4〕蘸：意同"蘸"。

译文 ‖ 晚上围炉读书疲倦时，经常想煨栗子吃，又担心有烧毡之患。一天，马北鄘说："只需将一个栗子蘸上油，一个栗子蘸上水，放到铁铫内，再将四十七颗栗子密密地盖在上面，用炭火在铁铫下烤，听到铫内传出像打雷的声音就可以了。"偶然一天与他一起饮酒，试了试果然如此，而且这样烤的栗子味道还胜过用沙炒的。即使栗子颗数没这么多，也是可以的。

东坡豆腐

原文 ‖ 豆腐,葱油煎,用研榧子一二十枚,和酱料同煮。又方,纯以酒煮。俱有益也。

译文 ‖ 用葱油煎过,再将一二十枚榧子研碎,连同酱料放入同煮。还有一种方法是纯用酒煮。这两种方法都有益处。

◎ 豆腐的做法

　　我国是豆腐的发源地,食用豆腐由来已久。宋·朱熹诗曰:"种豆豆苗稀,力竭心已腐,早知淮南术,安坐获泉布。"并自注"世传豆腐本为淮南王术"。《本草纲目·谷部豆腐》也说:"豆腐之法,始于前汉淮南王刘安。"照此说来,中国人吃豆腐的历史已有两千多年。明代诗人苏秉衡《豆腐诗》曰:"传得淮南术最佳,皮肤褪尽见精华。一轮磨上流琼液,百沸汤中滚雪花。瓦缶浸来蟾有影,金刀剖破玉无瑕。个中滋味谁知得,多在僧家与道家。"诗中对豆腐的发明、制法、特色和食俗予以简明灵活地描绘,赞叹之情跃然纸上,耐人寻味。豆腐营养丰富,含有多种微量元素、糖类、植物油和丰富的蛋白质,素有"植物肉"之称。豆腐还具有益气补虚等功效,是食药兼备的重要食品。《随园食单》中就收录了豆腐的八种做法,可谓"食不厌精、脍不厌细"了。

蒋侍郎豆腐
豆腐两面去皮,每块切成十六片,晾干。锅中倒入猪油,烧至起青烟时,把豆腐下锅,洒一小撮盐花。再把豆腐翻面,煎熟后盛出。准备一杯上好甜酒,一百二十个大虾米;如果没有大虾米,可用三百个小虾米。先把虾米滚泡一个时辰,加酱油一小杯,再滚一回,加糖一撮,再滚一回。把细葱切成半寸左右,共一百二十段放入锅中,再放入煎好的豆腐,慢慢起锅。

杨中丞豆腐
用嫩豆腐,煮去豆气,入鸡汤,同鳆鱼片滚数刻,加糟油、香蕈起锅。鸡汁须浓,鱼片要薄。

张恺豆腐
将虾米捣碎放入豆腐中,起油锅,加佐料干炒即可。

□ 豆腐

豆腐是一种营养丰富的豆制食品，含有多种微量元素、糖类、植物油和丰富的蛋白质，素有"植物肉"之称。《本草纲目》说：黑豆、黄豆、白豆、豌豆和绿豆等都可用来做豆腐。其做法是，用水将豆子浸泡发涨，用石磨磨碎，滤去豆渣，将豆浆烧沸，用盐卤汁或山矾叶或酸浆或醋淀放入锅中制成。也有将烧沸的豆浆放入缸内，用石膏粉制作的。豆腐味甘、咸，性寒，有小毒。可宽中益气，具有调和脾胃、消除胀满、清热散血、益气补虚等功效，是食药兼备的重要食品。

庆元豆腐

将一茶杯豆豉用水泡烂，放入豆腐中同炒。

——清·袁枚《随园食单》

芙蓉豆腐

将豆腐放在井水中泡三次，这样可以去除豆腥味，再放入鸡汤中大火煮到滚熟，起锅时加上紫菜、虾米食用。

冻豆腐

将豆腐冻一夜，切方块，滚去豆味，加鸡汤汁、火腿汁、肉汁煨之。上桌时，撤去鸡、火腿之类，单留香蕈、冬笋。豆腐煨久则松，面起蜂窝，如冻腐矣。故炒腐宜嫩，煨者宜老。

王太守八宝豆腐

将嫩豆腐切得粉碎，加香蕈屑、蘑菇屑、松子仁屑、瓜子仁屑、鸡屑、火腿屑，同入浓鸡汁中，炒滚起锅。

虾油豆腐

用陈年虾油煎豆腐。煎时油锅要热，将豆腐煎至两面金黄，再加猪油、葱、姜调味。

——清·袁枚《随园食单》

碧筒酒

原文 ‖ 暑月,命客泛舟莲荡[1]中,先以酒入荷叶束之,又包鱼鲊[2]它叶内。俟舟回,风薰日炽[3],酒香鱼熟,各取酒及酢。真佳适也。坡云[4]:"碧筒时作象鼻弯,白酒微带荷心苦。"坡守杭时[5],想屡作此供用。

注释 ‖ [1]荡:浅水湖。

[2]鱼鲊(zhǎ):腌鱼,糟鱼。鲊,盐腌的鱼。

[3]风薰日炽:指风和日丽的好天气。薰,暖和。炽,炽热。

[4]坡云:坡,指苏东坡。

[5]坡守杭时:苏东坡任杭州太守时。1089年,苏轼出任杭州太守。

译文 ‖ 夏月时节,与客人一起泛舟浅水湖中,先把酒倒入荷叶中捆扎好,再把腌鱼包到别的荷叶中。等到小舟返回,风和日丽,酒香鱼熟,分别把酒和咸鱼取出来,真是上好的享受啊。苏东坡说:"碧筒时作象鼻弯,白酒微带荷心苦。"苏东坡任杭州太守时,想必经常这样吃。

◎ **鱼鲊**

方法一:

鲤鱼、青鱼、鲈鱼、鲟鱼都可以用来做鱼鲊。去掉鳞和肠,用旧炊帚慢慢地清理掉血和腥腻的部分,收拾干净。在通风的地方挂上一两天后,将鱼肉切成小方块。每十斤鱼用一斤生盐(夏季用一斤四两),搅拌均匀,放入瓷器中腌制。冬季腌二十天,春季、秋季可适当少腌几天。鱼块要用布包裹起来,并拿石头压住以挤出水分,让鱼干透,直到手感不滑且没有韧性。准备二两川椒皮及莳萝、茴香、宿砂、红豆各半两、甘草少量,一并碾成粗末,白粳米七八合淘洗干净,煮成饭,把一斤半的生麻油、一斤纯白葱丝、一合半红曲一并打碎,将这些材料全都拌匀,同鱼一并放进瓷器或木桶里压实,盖上荷叶,插好竹片,再用小石头压在上面,等待腌好即可。春季和秋季是做鱼鲊的最佳时期。冬季可以预先腌好鲊坯子保存好,到需要做的时候,把调料打碎拌一拌就好。鲚鱼也是这样,但是要干透才可以。

——元·韩奕《易牙遗意》

□ 饮碧筒酒

碧筒酒的饮用方法大体如文中所说，预先将酒倒在鲜绿的荷叶中包起来，饮用的时候，将荷叶弄破，用荷叶的柄（碧筒）直接就着喝酒。这种喝酒的方法有着悠久的传统。苏东坡诗云："碧筒时作象鼻弯，白酒微带荷心苦。"描绘了荷叶的柄弯曲如象鼻，荷叶中的白酒也带上了荷叶的清香，品酒香之余，又多了一重味觉体验。这种别致的喝酒方法始于魏晋："魏正始中，郑公悫三伏之际，每率宾僚避暑于此。取大莲叶置砚格上，盛酒三升，以簪刺叶，令与柄通，屈茎上轮菌如象鼻，传噏之，名为碧筒杯。"（唐·段成式《酉阳杂俎·酒食》）郑悫曾在今济南一带担任刺史，每到夏天，都会带着宾客到船上避暑乘凉，为了增添雅趣，便发明了这种有趣的喝酒方法，并称其为"碧筒杯"。后来此法传到民间，也翕然成风。据《浙江志·杭州府》所记，在宋代，杭州人每到农历七月就到西湖边纳凉。此时正值荷花盛开，荷叶相连的时节。于是人们边游玩，边喝"碧筒酒"，兴罢方归。

方法二：

一斤大鱼，削成薄片，不要碰水，用布擦干净。夏季用一两半盐，冬季用一两盐，腌渍一顿饭的工夫。沥干水分，放入生姜、橘丝、莳萝、大葱、花椒末，搅拌均匀，放入瓷罐中按实。然后用箬叶盖在上面，再用竹签排成十字状固定好，把瓷罐倒过来放置，控干盐卤，很快就卤好了。

——清·朱彝尊《食宪鸿秘》

⊙ 文中诗赏读

泛舟城南会者五人分韵赋诗得人皆若炎字四首·其三
〔北宋〕苏轼

紫蟹鲈鱼贱如土,得钱相付何曾数。
碧筒时作象鼻弯,白酒微带荷心苦。
运肘风生看斫脍,随刀雪落惊飞缕。
不将醉语作新诗,饱食应惭腹如鼓。

罂乳鱼

原文 ‖ 罂中粟[1]净洗，磨乳。先以小粉[2]置缸底，用绢囊滤乳下之，去清入釜，稍沸，亟[3]洒淡醋收聚。仍入囊，压成块，仍小粉皮铺甑内，下乳蒸熟。略以红曲水[4]洒，又少蒸取出。切作鱼片，名"罂乳鱼"。

注释 ‖〔1〕罂（yīng）中粟：罂，即罂粟，其汁液是制取鸦片的原料。罂中粟，即罂粟种仁，白色，可食。

〔2〕小粉：小麦麸洗制面筋后沉淀的淀粉。

〔3〕亟（jí）：急切，急迫。

〔4〕红曲水：红曲加水制成，一般作食品染色剂用。

译文 ‖ 把罂粟仁洗净，磨成乳状。先把小粉放在缸底，用绢囊将罂粟仁乳

□ **罂子粟**

又称米囊子、御米、象谷。《本草纲目》说：其果实形状像罂子，米像谷子，可以上贡作为御膳，故有此名。罂粟秋季种植，冬季生长，嫩苗可作为蔬菜食用。它的叶子形状像白苣，花有四瓣，大小如同杯口，罂果就在花中被花蕊包裹着。花开三天后便凋谢，而罂果还长在茎头，长一二寸，大小如同马兜铃。其果实中有很小的白米，可以用来煮粥或做饭吃，也可以榨油，而果实壳则可入药。

罂粟花 又叫阿芙蓉、阿片，津液可制成鸦片，可治疗泄痢及脱肛不止。

嫩苗 可当蔬菜吃，除热润燥，开胃厚肠。

罂粟米 味甘，性平，无毒，可祛风通气，治疗反胃、胸中痰滞。

罂粟壳 可止泄痢，止渴止泻。

过滤到小粉中，去掉清水，将小粉放入锅中煮，稍微沸时，立即洒一些淡醋让其凝固。之后再放入绢囊中，压成块状，用小粉皮铺在甑内，将压成块状的小粉乳放入其中蒸熟。在上面略洒一些红曲水，再稍蒸一下取出。切成鱼片状，名叫"罂乳鱼"。

---

* 本篇只为保持原文原貌，以供读者了解、研究宋代饮食文化。罂粟为违禁品，在食物中加入罂粟属于违法行为，读者不可模仿食用。

胜肉

原文 ‖ 焯笋、蕈,同截,入松子、胡桃,和以油、酱、香料,搜面作馂子^[1]。试蕈^[2]之法:姜数片同煮,色不变,可食矣。

注释 ‖ 〔1〕馂子:一种馅饼类的食物。
〔2〕试蕈:测试蕈是否有毒。

译文 ‖ 将笋、蕈用热水焯一下,切好,加入松子、胡桃,再用油、酱和香料和在一起,和面做成馂子。测试蕈是否有毒的方法:用姜数片与蕈同煮,如果姜的颜色不变,就可以食用。

木鱼子

原文 ‖ 坡云:"赠君木鱼三百尾,中有鹅黄木鱼子。"春时,剥棕鱼[1]蒸熟,与笋同法。蜜煮酢[2]浸,可致[3]千里。蜀人供物多用之。

注释 ‖ [1]棕鱼:棕榈结出的花苞。因其中有细子排列成行,状如鱼子,故称。又称棕笋,可食。
[2]酢(cù):通"醋"。
[3]致:送给,送到。

□ 棕榈

李时珍说:棕榈川广一带最多,高二三尺,树梢有很多叶大如扇,向上耸立,四面散开。树干笔直无旁支,每向上长一层,即为一节。树干赤黑布满筋络,树皮上有丝毛,错纵如织,可用来编织衣、帽、褥等,用途很广。每年必须剥皮两三次,否则树会死,或者不再生长。三月于树端茎中结花苞,花苞中有细子排列成行,这是花结的果,形状如鱼腹子,称为棕鱼,又称棕笋。两广与蜀一带的人将棕鱼蜜煮醋浸后用来供佛,寄往远方。苏东坡在《棕笋》诗注中说:"正二月间,可剥取,过此,苦涩不可食矣。取之无害于木,而宜于饮食,法当蒸熟,所施略与笋同,蜜煮酢浸,可致千里外。"棕笋味苦、涩,性平,无毒。可止泄痢、便血。

译文 ‖ 苏东坡有诗说:"赠君木鱼三百尾,中有鹅黄木鱼子。"春天时,将棕鱼剥下蒸熟,与做竹笋的法子一样。用蜜煮再用醋浸泡后,可以带到千里之外。川蜀一带做菜时常用它。

⊙ 文中诗赏读

棕笋

〔北宋〕苏轼

赠君木鱼三百尾,中有鹅黄子鱼子。
夜叉[1]剖瘦欲分甘,箨龙[2]藏头敢言美。
愿随蔬果得自用[3],勿使山林空老死。
问君何事食木鱼,烹不能鸣固其理[4]。

注释 ‖ [1]夜叉:此处形容棕榈树顶部的散叶。苏诗《施注》引《摭言》云,王璘诗:"芍药花开菩萨面,棕榈叶散夜叉头。"
[2]箨龙:竹笋的异名,此处仍指棕笋。
[3]自用:凭自己主观意图行事。
[4]烹不能鸣固其理:此句典出《老子·山木篇》:"夫子出于山,舍于故人之家,故人喜。命竖子杀雁而烹之。竖子请曰:'其一能鸣,其一不能鸣,请奚杀(杀哪一个)?'主人曰:'杀不能鸣者。'"

自爱淘[1]

原文 ‖ 炒葱油,用纯滴醋和糖、酱作齑[2],或加以豆腐及乳饼[3],候面熟过水,作茵供食,真一补药也。食,须下热面汤一杯。

注释 ‖ 〔1〕自爱淘:类似于今天的凉面。淘,用料汁搅拌食品。
〔2〕齑:粉末,碎屑。这里指用油、醋、酱等拌合成的调味品。
〔3〕乳饼:乳制食品名。

译文 ‖ 炒葱油,用纯滴醋和糖、酱做成齑汁,或者加上豆腐及乳饼,等面熟后过一下凉水,浇上齑汁食用,真像吃补药一样。吃的时候,须喝一杯热面汤。

忘忧齑

原文 ‖ 嵇康[1]云："合欢蠲忿[2]，萱草[3]忘忧。"崔豹[4]《古今注》则曰"丹棘[5]"，又名鹿葱[6]。春采苗，汤焯过，以酱油、滴醋作为齑，或燥以肉。何处顺宰相六合[7]时，多食此。毋乃以边事未宁，而忧未忘耶？因赞之曰："春日载阳，采萱于堂。天下乐兮，忧乃忘。"

注释 ‖〔1〕嵇康（224—263年）：字叔夜，谯国铚县（今安徽濉溪）人，三国时期曹魏音乐家、思想家、文学家。据《世说新语》载，嵇康容止出众，醉如玉山之将崩，擅奏《广陵散》。嵇康为"竹林七贤"的精神领袖，与阮籍等人共倡玄学新风，主张"越名教而任自然""审贵贱而通物情"。有《嵇康集》传世。

〔2〕合欢蠲（juān）忿：合欢，一种落叶乔木，又名绒花树、马缨花。其

□ **合欢**

又称合昏、夜合、青裳等。《本草纲目》说：合欢树叶似皂荚及槐，很小。五月开花呈红白色，上面有丝绒。秋天结果实成荚，种子极细薄。枝很柔软，叶细小而繁密，相互交织在一起，每当风吹来时，又自行解开，互不牵缀，但夜晚又合在一起。嫩叶煮熟后淘净，可以食用。合欢树皮味甘，性平，无毒。主安五脏，和心志，令人欢乐忘忧。故嵇康《养生论》载，合欢免忿，萱草忘忧。

木皮 味甘，性平，无毒。主安五脏，和心志，轻身明目。煎膏服可消痈肿，续筋骨，杀虫。能活血，消肿止痛。

山家清供

□ "竹林七贤"
图 清 俞龄

"竹林七贤"是指魏晋时期的嵇康、阮籍、山涛、向秀、刘伶、王戎及阮咸七位名士。他们常在竹林中聚会，因此得了这个雅号。在那个政权频繁更迭、局势动荡的时代，他们崇尚玄学，把老庄哲学的无为、尚真与返归自然的精神发展到了极致，形成了一种自由解放的新气象和不伪饰、不矫情、顺其自然的新的道德风尚。东晋之后，"竹林七贤"的影响逐渐扩大，成为魏晋时期乃至后世文人精神理想的一种象征。上图描绘了七贤栖身山林、放浪形骸的惬意生活。

苗、花 味甘，性凉，无毒。煮来食用，治小便赤涩，身体烦热，消食。制成酸菜吃，安五脏，令人欢乐忘忧，轻身明目。

□ 萱草

又名忘忧、疗愁、丹棘、鹿葱等。《本草纲目》说：萱字本作"谖"，就是忘掉的意思。《诗经》中就有"焉得谖草，言树之背"（古时候当游子要远行时，就将谖草种在母亲所居住之处，以让母亲忘掉对孩子的思念，忘却烦忧。所以后人又把母亲称为"萱堂"，或简称为"萱"）的诗句。萱草苗可以食用，气味像葱，又是鹿所吃的九种解毒草之一，故又名鹿葱。萱草宜生长在潮湿的地方，丛生，叶子像蒲、蒜，四季青翠。五月抽茎开花，花有六瓣，有红、黄、紫三种颜色。

树皮可入药，有解郁安神之功效。《中华古今注》："欲蠲人忿，赠之以青裳。青裳，合欢也。"蠲，除去，免除。忿，愤怒。

〔3〕萱草：多年生宿根草本植物，百合科萱草属。茎短，根粗如纺锤形。又名"忘忧草"。《博物志》："萱草，食之令人好欢乐，忘忧思，故曰忘忧草。"

〔4〕崔豹：字正雄，西晋渔阳郡（今北京密云西南）人。晋惠帝时官至太子太傅丞。经学博士，又通《论语》，撰有《古今注》三卷。

〔5〕丹棘：忘忧草的别名。崔豹《古今注·问答释义》："欲忘人之忧，则赠以丹棘。丹棘，一名忘忧草，使人忘其忧也。"

〔6〕鹿葱：据《本草纲目》载，萱草的苗烹食，气味像葱，鹿所吃的九种解毒草中，萱草是其中之一，所以又称"鹿葱"。

〔7〕六合：指上下和四方，泛指天下、人世间。《庄子·齐物论》："六合之外，圣人存而不论。"成玄英疏："六合，天地四方。"

译文 ‖ 嵇康曾说过："合欢蠲忿，萱草忘忧。"崔豹在《古今注》中称萱草为"丹棘"，又名"鹿葱"。春天的时候采萱草苗，用热水焯一下，用酱油、醋作齑汁，或做成肉臊。何处顺任宰相治理天下时，经常吃这道忘忧齑。难道是因为边境不宁，而忧愁难以忘怀吗？因此称赞道："春天时乘着暖洋洋的太阳，从堂下采摘萱草食用。天下人都快乐了，忧愁也就忘记了。"

脆琅玕[1]

原文 ‖ 莴苣去叶、皮，寸切，瀹以沸汤，捣姜、盐、糖、熟油、醋拌，渍之，颇甘脆。杜甫种此[2]，旬[3]不甲[4]。拆且叹："君子脱微禄，坎坷不进，犹芝兰困荆杞。"[5]以是知诗人非有口腹之奉[6]，实有感而作也。

注释 ‖ 〔1〕琅玕（láng gān）：本意为似珠玉的美石，亦为翠竹的美称。

〔2〕杜甫种此：杜甫曾种莴苣一事可见于杜甫诗《种莴苣》。

〔3〕旬：十天为一旬。

〔4〕甲：萌芽。

〔5〕君子脱微禄，坎坷不进，犹芝兰困荆杞：见杜甫诗《种莴苣·序》。

〔6〕口腹之奉：做食物吃。

译文 ‖ 将莴苣去叶、削皮，切成一寸长的段，用开水煮一下，加入捣碎的姜及盐、糖、熟油、醋拌在一起，浸渍，吃的时候又甘又脆。杜甫曾种莴苣，过了十天不发芽。只好刨掉，而且感叹说："君子失去微薄的俸禄，道路坎坷

□ 莴苣

又叫莴菜、莴笋。陶谷《清异录·卷上·蔬菜门》载："呙国使者来汉，隋人求得菜种，酬之甚厚，故名千金菜，今莴苣也。"《本草纲目》说：莴苣二月下种，四月抽薹。剥去莴苣皮生吃，味道像胡瓜。也可以腌渍食用。莴苣味苦，性冷，微毒。利五脏，通经脉，壮筋骨，健齿明目。但莴苣有毒性，不宜常吃，特别是患寒病的人不宜食用。

不能前进，就像芝兰被困在荆杞丛中。"由此可知，杜甫并不是想要吃这道菜，实在是有感而作罢了。

⊙ 文中诗赏读

种莴苣并序
〔唐〕杜甫

既雨已秋，堂下理小畦，隔种一两席许莴苣，向二旬矣，而苣不甲拆，独野苋青青。伤时君子，或晚得微禄，辗轲不进，因作此诗。

阴阳一错乱，骄蹇不复理。
枯旱于其中，炎方惨如燬。
植物半蹉跎，嘉生将已矣。
云雷欻奔命，师伯集所使。
指麾赤白日，澒洞青光起。
雨声先已风，散足尽西靡。
山泉落沧江，霹雳犹在耳。
终朝纡飒沓，信宿罢潇洒。
堂下可以畦，呼童对经始。
苣兮蔬之常，随事蓺其子。
破块数席间，荷锄功易止。
两旬不甲拆，空惜埋泥滓。
野苋迷汝来，宗生实于此。
此辈岂无秋？亦蒙寒露委。
翻然出地速，滋蔓户庭毁。
因知邪干正，掩抑至没齿。
贤良虽得禄，守道不封己。
拥塞败芝兰，众多盛荆杞。

中园陷萧艾,老圃永为耻。
登于白玉盘,藉以如霞绮。
苋也无所施,胡颜入筐篚?

炙獐[1]

原文 ‖ 《本草》:"秋后,其味胜羊。"道家羞为白脯[2],其骨可为獐骨酒。今作大胬,用盐、酒、香料淹少顷,取羊脂包裹,猛火炙熟,擘[3]去脂,食其獐。麂[4]同法。

注释 ‖ 〔1〕獐(zhāng):一种哺乳动物。形体像鹿,毛较粗,头上无角,雄的有长牙露出嘴外。
〔2〕羞为白脯:羞,即"馐",美味的食物。白脯,呈乳白色的淡干肉。
〔3〕擘:分开,剖裂。
〔4〕麂(jǐ):小型哺乳动物,似鹿,善于跳跃。

译文 ‖ 《本草》说:"秋后,獐子的味道比羊还好。"道家一般将獐肉做成美味的白脯肉干,它的骨头可做成獐骨酒。现在将獐子肉切成大块,用盐、酒、香料腌渍一会儿,取羊脂将肉包裹好,猛火烤熟,再擘开去掉羊脂,只吃

□ 獐

《本草纲目》说:獐像鹿而小,没有角,黄黑色,雄性有牙露出嘴外。它的皮比鹿皮更加细软,夏天毛少而皮厚,冬天毛多而皮薄。獐肉味甘,性温,无毒。道家将其肉制成肉干进贡,名为白脯。獐肉可补五脏,益气力。獐骨味甘,性微温,无毒。用其酿酒,有补下焦的功用。

□ 麂

《本草纲目》说：麂属獐类，但比獐小。雄性有短角，颜色黑里带黄，善于跳跃。其肉坚韧，不及獐味美。其皮十分细腻，是制作鞋、袜的珍品。麂肉味甘，性平，无毒。用火熏熟，伴姜、醋服用，可治痔疮。

獐肉。烤麂子也是这个方法。

* 本篇只为保持原文原貌，以供读者了解、研究宋代饮食文化。獐为国家二级保护动物，严禁猎捕、食用。

当团参

原文 ‖ 白扁豆,北人[1]名鹊豆[2]。温、无毒,和中下气。烂炊,其味甘。今取葛天民诗云"烂炊白扁豆,便当紫团参[3]"之句,因名之。

注释 ‖ 〔1〕北人:北方的人。
〔2〕鹊豆:据《本草纲目·卷二四》载,扁豆有黑白两种,白者性温而黑者微凉。入药用白者,由于黑者黑间有白道,如鹊羽,故名"鹊豆"。
〔3〕紫团参:党参的一种,较名贵,出产于壶关县东南部和陵川县交界处的紫团山,故名。

译文 ‖ 白扁豆,北方人叫鹊豆。性温,无毒,具有和中下气的功效。将其煮烂食用,味道甘美。如今取葛天民的诗句"烂炊白扁豆,便当紫团参",为其命名"当团参"。

□ 扁豆
  又称沿篱豆、蛾眉豆。《本草纲目》说:扁豆的果实有黑、白、赤、斑四种颜色。硬壳的白扁豆,其果子充实,白而微黄,气味腥香,性温平,能补脾胃。能消除暑热湿气,也能解毒。其中荚壳软,颜色像黑鹊一样的,性微凉,可当食物吃,亦能调理脾胃。

梅花脯

原文 ‖ 山栗[1]、橄榄薄切,同食,有梅花风韵。因名"梅花脯"。

注释 ‖〔1〕山栗:栗的一种。子实较板栗稍小,可食。

译文 ‖ 将山栗、橄榄切成薄片,一起食用,有梅花的风味,因此取名"梅花脯"。

□ 橄榄

又叫青果、忠果、谏果。李时珍说:橄榄初食味道苦涩,久后方感回味甘甜。橄榄可生食,也可用蜜渍、盐藏后贩运到远方。橄榄味酸、涩、甘,性温,无毒。生食、煮饮,都可解酒醉,解河豚鱼毒。又有生津止渴的作用,治咽喉痛。橄榄经盐渍后则不苦涩,与栗子一起吃,味道更香。

牛尾狸[1]

原文 ‖ 《本草》云:"斑如虎者最,如猫者次之。肉主疗痔病。"法:去皮,取肠腑,用纸揩净,以清酒洗。入椒、葱、茴香于其内,缝密,蒸熟。去料物,压宿,薄片切如玉。雪天炉畔,论诗饮酒,真奇物也。故东坡有"雪天牛尾[2]"之咏。或纸裹糟一宿,尤佳。杨诚斋诗云:"狐公韵胜冰玉肌,字则未闻名季狸。误随齐相燧牛尾,策勋封作糟丘子。"

南人或以为绘形如黄狗,鼻尖而尾大者,狐也。其性亦温,可去风补劳。腊月取胆,凡暴亡者,以温水调灌之,即愈。

> **注释** ‖ [1] 牛尾狸:亦称玉面狸、果子狸,肉味鲜美。段成式《酉阳杂俎》:"洪州有牛尾狸,肉甚美。"《本草纲目·兽二·狸》:"狸有数种……南方有白面而尾似牛者,为牛尾狸,亦曰玉面狸,专上树木食百果,冬月极肥,人多糟为珍品,大能醒酒。"
> [2] 雪天牛尾:出自苏轼诗《送牛尾狸与徐使君》:"风卷飞花自入帷,一樽遥想破愁眉。泥深厌听鸡头鹘,酒浅欣尝牛尾狸。通印子鱼犹带骨,披绵黄雀漫多脂。殷勤送去烦纤手,为我磨刀削玉肌。"

译文 ‖ 《本草》说:"(牛尾狸)花纹像老虎的最好,像猫的次之。其肉可以治疗痔病。"烹饪方法是:剥掉皮,取出内脏,用纸擦干净内腔,用清酒洗过。将花椒、葱、茴香放到肚腹内,用线密密地缝起来,蒸熟。然后去掉各种佐料,压一宿,切成像玉一样的薄片。雪天炉边,谈诗饮酒的时候用来下酒,真是风味独特的奇物。所以苏东坡有"雪天牛尾"的咏叹。或者用纸裹着糟一宿,味道尤其好。杨万里有诗说:"狐公韵胜冰玉肌,字则未闻名季狸。误随齐相燧牛尾,策勋封作糟丘子。"

南方有人描绘出外形像黄狗,鼻尖而尾巴较大的,其实是狐狸。其肉亦性温,可以祛风补劳。腊月里取出它的胆,凡是突然晕厥的人,用温水调后灌下去,就会立即苏醒。

* 本篇只为保持原文原貌,以供读者了解、研究宋代饮食文化。牛尾狸(果子狸、玉面狸)为国家二级保护动物,严禁猎捕、食用。

□ 狸

又叫野猫。《本草纲目》说：狸有数种，有猫狸、虎狸、九节狸、香狸等。南方有种白脸牛尾的，叫牛尾狸，又称玉面狸，专门上树吃百果，冬天极肥，人多腌制成珍品，很能醒酒。狸肉味甘，性平，无毒。可治各种肺痨，做成肉羹可治痔疮，又可补中益气。

⊙ 文中诗赏读

牛尾狸

〔南宋〕杨万里

狐公韵胜冰玉肌，字则未闻名季狸[1]**。**

误随齐相燧牛尾[2]**，策勋封作糟丘子**[3]**。**

子孙世世袭膏粱[4]**，黄雀子鱼鸿雁行。**

先生试与季狸语，有味其言须听取。

注释 ‖ 〔1〕季狸：《左传·文公十八年》载："高辛氏有才子八人：伯奋、仲堪、叔献、季仲、伯虎、仲熊、叔豹、季狸。""季狸"既是人名，在诗中又代指"牛尾狸"。

〔2〕误随齐相燧牛尾：此处典故出自田单火牛阵大破燕军的故事。《史记·田单列传》载："田单乃收城中得千余牛，为绛缯衣，画以五彩龙文，束兵刃于其前，而灌脂束苇于尾，烧其端。牛尾炬火光明炫耀，燕军视之皆龙文，所触尽死伤。"

〔3〕糟丘子：积糟成丘。积酿酒所余的酒糟称为小山，比喻沉湎于酒。《本草纲目》说：牛尾狸糟为珍品，大能醒酒，故此句戏言可将牛尾狸封为"糟丘子"。

〔4〕膏粱：指富家子弟。因牛尾狸极肥美，所以说世世袭膏粱。

◎ **宋代刀工技艺**

　　刀工，指的是对食物原料进行改刀处理，根据菜肴成形的要求和烹饪方法的需要，将整体的烹饪原料处理为块、丁、片、条、丝、末、茸等状，以便后面的烹制和食用。切配是否科学、合理，将直接影响菜品最终的色、香、味、形。宋人在烹饪过程中的刀工已十分熟练、精湛。

根据原料质地

　　食物的质地各有不同，因此刀工须根据食材的不同作相应变化：质地松软或脆嫩的，其形宜大；坚硬带骨的，其形宜小。较厚的肉类，还可在表面划上十字刀纹以便入味。如《东京梦华录》说："坊巷桥市，皆有肉案，……阔切片批，细抹顿刀之类。"由于猪肉的软硬、肥瘦不同，所以在改刀时要运用不同的刀法，"阔切、片批、细抹、顿刀"等便是根据猪肉的特征而选取的操刀方法。

不同质地的食材

根据火候

　　食材切割成的大小、形状通常须根据加热时长而定。加热时间长，如烧制或焖制，其形宜大；加热时间短，如炒制或熘制，其形宜小。如文中的"牛尾狸"须"薄片切如玉"。牛尾狸肉质软细，仍能切得如此薄，可见宋人刀工技艺之高超。这也说明了由于一些菜品讲究锁鲜，烹饪的时长都比较短，所以食材往往薄切的道理。

根据调味需求

  不同的调味方式影响着食材的切分方式。如宋时食脍之风盛行,由于脍多为生食,食用前需要拌上酱、醋、酒等调味,因此切割得越薄,越有利于腌渍入味。

◎ 宋代配菜技艺

配菜是根据不同的菜品,把经初步处理后的几种主材和辅材适当搭配的技艺,是烹饪前的必要准备。配菜是否恰当,直接关系到菜品的色、香、味、形的优劣及其营养价值的高低。古人云:"杂食者,美食也;广食者,营养也。"足以说明配菜的重要性。现代医学也证明,人体必须摄入不同类型的食物,才能营养均衡。

量的搭配

一道菜品通常由几种食材做成,有主材与辅材之分,配菜时,要注意突出主材,一般情况下辅材忌喧宾夺主,也有在量的搭配上不分主次的,通常为羹品,亦别具风味。

质的搭配

现代人常说饮食要"荤素搭配",说的就是根据食物性质来进行配菜的方式。通常为异质相配,如文中的"锦带羹""山海兜"等;有同质相配,如文中的"太守羹""罂乳鱼""大耐糕""三脆羹"等;也有单独烹制,只加少许佐料以保持食材真味的,如文中的"傍林鲜""黄金鸡"等。

色的搭配

俗话说,一道好菜须"色、香、味"俱全,菜品悦目的色彩能经视觉刺激味觉,增进食欲之余也陶冶了性情。菜品色彩搭配的关键在于各食材颜色的和谐。有同色相配的,如文中的"槐叶冷淘""蓬糕"等;也有异色相配的,宋代在这方面的发展尤其瞩目,如本文中的"假煎肉""雪霞羹"等。除此之外,"色"也指色泽,宋人烹饪喜爱追求晶莹剔透、珠圆玉润的效果,如《东京梦华录》所载的"水晶脍",本文中的"冰壶珍""蓝田玉""玉灌肺"等。

味的搭配

宋人在烹饪实践中越来越认识到,许多食材本身就具有鲜美独特之味,因此强调如果滥施调味或辅材,反而会抢了本味。另外,宋人以蔬食为美,而蔬菜多口味清淡,所以淡味被宋人视为美味。这既符合饮食养生的要求,也是宋代文人士大夫普遍的恬淡自得、安贫乐道的人生态度的体现。

金玉羹

原文 ‖ 山药与栗各片截,以羊汁[1]加料煮,名"金玉羹"。

注释 ‖ 〔1〕羊汁:羊肉汤。

译文 ‖ 将山药与栗子都切成片,放入羊肉汤中加佐料煮,这道菜叫"金玉羹"。

山煮羊

原文 ‖ 羊作脔,置砂锅内。除葱、椒外,有一秘法:只用槌[1]真杏仁数枚,活火[2]煮之,至骨糜烂。每惜此法不逢汉时,一关内侯何足道哉[3]!

注释 ‖ 〔1〕槌:通"捶",敲打。
〔2〕活火:明火,火焰可见的火。唐·赵璘《因话录·商上》:"茶须缓火炙,活火煎。活火谓炭火之焰者也。"
〔3〕一关内侯何足道哉:据《后汉书·刘玄传》,后汉赵萌专权时,被提拔的官员都是一些诸如商贩、厨师的无能低俗之辈,所以当时长安有民谣流传:"灶下养,中郎将;烂羊胃,骑都尉;烂羊头,关内侯。"

译文 ‖ 把羊肉切成小块,放到砂锅内。除加入葱、椒外,还有一个秘法:只用捣几枚真杏仁放入,用明火煮,直到骨头酥烂。常常可惜这法子没被汉代的人知晓,否则一个关内侯又何足道哉!

□ 羊

又称羯。《本草纲目》说:羊肉味苦、甘,性大热,无毒。有暖脾胃、补中益气的功效。煮羊肉时加入杏仁能使肉易熟,加胡桃则去臊。但患热病、流行病和疟疾后食用,必定会发热致危。

◎ 羊肉做法

羊肉性大热，补虚的效果明显，因此我国食用羊肉的历史十分悠久。《随园食单》中介绍了羊肉的几种吃法，从羊肉到羊羹，到如何烹饪羊头、羊蹄、羊肚以及全羊等，十分详尽，做法上则烧、烤、炒、煨俱全。

羊羹

"取熟羊肉斩小块，如骰子大。鸡汤煨，加笋丁、香蕈丁、山药丁同煨。""红煨羊肉"的做法是羊肉里"加刺眼核桃，放入去膻"。

烧羊肉

"羊肉切大块，重五七斤，铁叉火上烧之。"与今天的烤羊肉略无二致。

——清·袁枚《随园食单》

牛蒡[1]脯

原文 ‖ 孟冬[2]后,采根,净洗。去皮煮,毋令失之过。捶扁压干,以盐、酱、茴、萝、姜、椒、熟油诸料研,浥[3]一两宿,焙干。食之,如肉脯之味。苟[4]与莲脯同法。

注释 ‖ 〔1〕牛蒡(bàng):又名恶实、大力子,二年生草本植物。果实与根皆可入药,具有疏散风热,清热解毒之功效。
〔2〕孟冬:冬季的第一个月,指农历十月。
〔3〕浥(yì):湿润。
〔4〕苟:疑为"笋"字衍文。

译文 ‖ 十月以后,采牛蒡的根,洗净。去掉皮煮,不要煮过了。然后将煮熟的牛蒡根捶扁、压干,用盐、大酱、茴香、莳萝、姜、花椒及熟油各种佐料研磨,浸上一两宿,再焙干。吃起来的味道就像肉脯一样。笋脯和藕脯的做法也是一样。

□ 恶实

又称牛蒡、大力子等。《本草纲目》说:恶实就是牛蒡子,嫩苗可以当蔬菜吃,挖根后晒干做成果脯,很有营养。三月长苗,茎高三四尺。四月开花成丛状,淡紫色。花萼上有丛生的细刺聚在一起,结的果实很小。根粗如臂,长的近一尺。七月采子,十月采根。

根、茎 味苦,性寒,无毒。可治伤寒寒热出汗,中风面肿,口渴,尿多。

子 味辛,性平,无毒。明目补中,治伤风,风毒肿。

◎ 宋代食材的预处理

食材在进入正式烹调之前,往往需要根据成菜需要,对经择剔、去蒂、褪毛、拆卸、改刀、清洗等步骤的食材进行预处理。这是决定成菜色、香、味、质的关键步骤之一,可达到保持食材色泽或口感、去腥、给食材上色等目的。因此,食材的预处理至关重要。

焯水

冷焯 又称飞水、出水,即把食材放入水中略煮一下,使之初步断生再取出,以备下一步烹饪的过程。冷水焯是将食材放入冷水锅中,将食材与水一同加热。冷焯常用于处理肉类,因为如果将肉直接放入沸水中,肉表面突然受热会导致蛋白质迅速凝固,内部的腥膻味、血污就难以排出了,而冷焯可以很好地避免这一点。另外,一些气味较大或质地较硬、难以煮熟的菜蔬,也宜冷焯。

热焯 即把食材直接放入沸水中焯水的方法。主要用于处理腥膻味不重、血污较少的禽类食材,去腥的同时保持肉质鲜嫩,而且焯后立刻捞出放凉,有利于保证食材色泽鲜艳。一些需要保持色泽或脆嫩口感的绿叶蔬菜,如莴苣、蒌蒿、白菜、芹菜等,也宜热焯。

过油

又称油锅,即在正式烹煮前,把食材放入不同温度的油锅里炸浸以定型的过程(如本文中的"假煎肉")。过油处理可以使食材外酥里嫩,还能激发出食材内酚、醇、酯、酮等有机物质带来的香气。

走红

又称走红锅、走酱锅,即用酱、醋、油等有色调味品给简单处理过的食材着色、入味的过程,主要用于肉类。通常是先在锅中加入适量的水与调味品,将食材放入其中,先用大火将料汁烧沸,再改成小火慢煮(如本文中的"鸳鸯炙")。走红能使食材口味层次更加丰富,色彩更加鲜艳。

上浆、挂糊、勾芡

"上浆""挂糊""勾芡"是现代烹饪用语,但在宋代已有相同性质的操作,通常是用水淀粉包裹食材,使食材表面形成一层壳,从而锁住食材中的水分和营养物质,在高温中既可避免营养物质被大量氧化,又可以避免蛋白质、维生素变质、分解。其中,上浆主要用于肉类腌制,挂糊主要用于油炸,勾芡则是用于增加菜品汤汁的黏滑性、提升品相。如苏轼《仇池笔记·蒸豚诗》中"蒸猪头"的烹制就用到了上浆法:"嘴长毛短浅含臕,久向山中食药苗。蒸处已将蕉叶裹,熟时兼用杏浆浇。"

牡丹生菜

原文 ‖ 宪圣[1]喜清俭[2],不嗜杀。每令后苑进生菜,必采牡丹瓣和之。或用微面[3]裹,炸之以酥。又,时收杨花[4]为鞋、袜、褥之用。性恭俭,每至治生菜,必于梅下取落花以杂之,其香犹可知也。

注释 ‖〔1〕宪圣:宪圣皇后吴氏(1115—1197年),宋高宗赵构第二任皇后。吴氏十四岁入宫侍奉康王赵构,赵构登基后封吴氏为义郡夫人,又累进封为才人、婉仪、贵妃。绍兴十三年(1143年)被册立为皇后。卒后谥曰宪圣慈烈皇后,祔葬于永思陵。
〔2〕清俭:清廉简朴。
〔3〕微面:薄面粉。
〔4〕杨花:指柳絮。李白《闻王昌龄左迁龙标遥有此寄》:"杨花落尽子规啼,闻道龙标过五溪。"

□ 牡丹

又称鼠姑、鹿韭、木芍药、花王等。《本草纲目》说:牡丹在二月、八月可采根入药。凡得根,先晒干,然后用铜刀劈破去骨,锉成大豆小的颗粒,用清酒拌蒸,再晒干备用。牡丹根皮味辛,性寒,无毒。可治寒热,中风抽风,除时疫、头腰疼等。

□ 柳

又称小杨、杨柳。《本草纲目》说：柳树花蕊落下时产生的絮如白绒，随风而起，即柳絮，又称柳华。柳华味苦，性寒，无毒。有止血功效，可治风湿性关节炎、膝关节疼痛等。

译文 ‖ 宪圣皇后性喜清俭，不爱杀生。经常让后宫厨房进生菜，一定要采些牡丹花瓣掺和在里面。或者用薄面粉裹一下，再用油炸酥。另外，她还经常收集柳絮做棉鞋、棉袜及褥子使用。皇后本性恭谨俭约，每当做生菜的时候，一定会取梅树下的落花掺杂在生菜里，这样做出来的菜仍可闻见花香。

不寒齑

原文 ‖ 法：用极清面汤，截菘菜，和姜、椒、茴、萝。欲极熟[1]，则以一杯元齑[2]和之。又，入梅英一掬[3]，名"梅花齑"。

注释 ‖ 〔1〕极熟：烂熟。
〔2〕元齑：旧菜卤。
〔3〕一掬：一捧。

译文 ‖ "不寒齑"的做法是：用很清的面汤，将切好的白菜，加入姜、辣椒、茴香、莳萝子一起煮。如想煮得烂熟，则加一杯旧菜卤。另外，可加入一捧梅花，这就叫"梅花齑"。

素醒酒冰

原文 ‖ 米泔浸琼芝菜[1],曝以日。频搅,候白洗,捣烂。熟煮取出,投梅花十数瓣。候冻,姜、橙为鲙齑[2]供。

注释 ‖ 〔1〕琼芝菜:石花菜,产于海滨石上,可入药,亦可蔬食。清黄遵宪《日本杂事诗》卷二:"琼芝作菜绿荷包,槐叶清泉尽冷淘。蔬笋总无烟火气,居然寒食度朝朝。"自注曰:"石花菜生海石上,一名琼芝,煮之成冻,用方匣以铜钱作筛眼,纳菜于中,以木杆筑送,溜出如缕,冰洁可爱,华人所名为东洋菜者也。"
〔2〕鲙(kuài)齑:以鱼鲙和菜蔬杂捣而成的食糜。《南部烟花录》:"南人鱼鲙,细缕金橙拌之,号为金齑玉鲙。"

译文 ‖ 将琼芝菜泡在淘米水中,在太阳底下晒。不断搅动,等到菜发白了,洗净捣烂。煮熟后取出,放入梅花十几瓣。等到成冻后,加入姜、橙做成鲙齑来吃。

□ **《三才图会》中的托盘　明**
又称"托子",为古代盛装杯盘碗盏等餐具的盘子,多为木制。

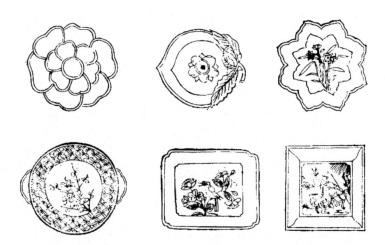

□ **石花菜**

又叫琼枝。《本草纲目》说：石花菜生长在南海的沙石之间，有二三寸高，形状像珊瑚，有红、白两种颜色。将石花菜放在开水中泡去沙屑后，放上姜、醋，吃起来很脆。也可将其放入锅中煮，同时不断搅拌，最后成为膏糊状，再放入砂仁、花椒、姜末，装进盆内，冷却后便凝结成冻，名叫琼脂。石花菜味甘、咸，性大寒、滑，无毒。可祛上焦浮热，多食则发下部虚寒。

豆黄签

原文 ‖ 豆面[1]细荙,曝干藏之。青芥[2]菜心同煮为佳。第[3]此二品,独泉[4]有之,如止用他菜及酱汁亦可,惟欠风韵耳。

注释 ‖ 〔1〕豆面:用豆子磨成的粉末。
〔2〕青芥:芥菜的一种,又叫刺芥,样子像白菜,菜叶上有柔毛。
〔3〕第:只是。
〔4〕泉:指泉州。

译文 ‖ 将豆面细细撒匀,晒干储藏。(做豆黄签时)加入青芥的菜心同煮最好。只是青芥做的豆黄签,唯泉州才有,如用别的菜和酱汁煮也可以,只是风味欠缺。

□ 芥

又称芥菜。《本草纲目》说:芥菜有数种,青芥,又叫刺芥,样子像白菜,菜叶上有柔毛。大芥,又称皱叶芥,叶子大并且有皱纹,颜色深绿,味比青芥更辛辣。另有马芥、花芥、紫芥、石芥等品种。芥菜的茎、叶味辛,性温,无毒。因其性辛热且散气,所以能够通肺开胃,利气消痰。但如果长期吃则易积温成热,耗人真元,肝脏受损,使人头昏目晕,引发痔疮。

◎ 芥辣

芥辣是用芥子制成的一种调味料，制法为：

取储存了两年的陈芥子碾细，稍加水调和，在碗底按实，用韧纸封住碗口。三五次倒入滚水，泡出黄水，放在地上冷却。过一会儿有气体冒出，加入淡醋消除气体，再用布过滤去除固渣。

——元·浦江吴氏《中馈录》

菊苗煎

原文 ‖ 春游西马塍[1]，会张将使元耕轩，留饮。命予作《菊田赋》诗，作墨兰。元甚喜，数杯后，出菊煎。法：采菊苗，汤瀹，用甘草水调山药粉，煎之以油。爽然有楚畹[2]之风。张，深于药者，亦谓"菊以紫茎为正"云。

注释 ‖ 〔1〕西马塍（chéng）：杭州地名，宋代时以产花闻名。明·田汝成《西湖游览志》："东、西马塍在（杭州）溜水桥北，以河分界。并河而东，抵北关外，为东马塍。河之西，上泥桥、下泥桥至西隐桥，为西马塍。钱王时蓄马于此，至三万余匹，号曰马海，故以名塍。"
〔2〕楚畹：兰圃的泛称。出自《楚辞·离骚》："余既滋兰之九畹兮，又树蕙之百亩。"

译文 ‖ 春天前往西马塍游玩，正好遇见张元将使，于是留下饮酒。他让我作《菊田赋》诗，并画墨兰。张元十分高兴，喝了几杯后，端出了菊煎。做法是：采菊苗，用开水烫一下，用甘草水和山药粉裹一下，再用油煎。吃起来很爽口，俨然有楚畹之风。这位张先生，是深通药理的人，也说"菊花以紫茎的为佳品"。

胡麻[1]酒

原文 ‖ 旧闻有胡麻饭,未闻有胡麻酒。盛夏,张整斋赖招饮竹阁。正午,各饮一巨觥,清风飒然[2],绝无暑气。其法:赎麻子二升,煮熟略炒,加生姜二两,龙脑薄荷[3]一握[4],同入砂器细研。投以煮酒五升,滤渣去,水浸饮之,大有益。因赋之曰:"何须更觅胡麻饭,六月清凉却是渠。"《本草》名"巨胜子"[5]。桃源所饭胡麻[6],即此物也。恐虚诞者[7]自异其说云。

注释 ‖ [1]胡麻:芝麻。《本草纲目》载,因其生长在胡地,形体似麻,故称。
[2]飒然:形容风吹过时沙沙作响。
[3]龙脑薄荷:多年生草本植物,根状茎匍匐,坚果呈卵圆形,黄褐色。《本草纲目》载,龙脑薄荷出苏州城黉宫前,其芬芳之妙与别种不同,名震天下。
[4]一握:一把。
[5]《本草》名"巨胜子":据《本草纲目》载,因八谷之中芝麻最大,故称"巨胜子"。
[6]桃源所饭胡麻:指刘晨、阮肇入天台遇仙之事。据《太平广记》载,刘晨、阮肇入天台山采药时遇到二位仙女,邀请她们回家共食,食物中便有胡麻饭、山羊脯、牛肉等。
[7]虚诞者:荒诞无稽的人。

译文 ‖ 以前听说过胡麻饭,没听说过有胡麻酒。盛夏季节,张整斋在竹阁招待饮酒。正午时,分别饮了一大杯胡麻酒,只觉清风飒然,一点暑气也感觉不到了。胡麻酒的做法是:买芝麻子两升,煮熟后略炒一下,加生姜二两,龙脑薄荷一把,一同放在砂器中细细研磨。然后放入煮酒五升,滤掉渣滓,用冷水浸过饮用,对身体大有益处。因此赋诗道:"何须更觅胡麻饭,六月清凉却是渠。"《本草》中称其为"巨胜子"。刘晨、阮肇遇仙所吃的胡麻饭,就是这种东西。恐怕是那些荒诞无稽的人故意夸张罢了。

□ 薄荷

又称蕃荷菜、南薄荷等。《本草纲目》说：薄荷到处都有，二月份宿根长出苗，方茎赤色，叶子对生，吴、越、川、湖的人多用来代替茶叶。药用薄荷以苏州产的为最好。苏州城凳门前有几十亩土地出产一种龙脑薄荷，其芬芳之妙与别种不同，名震天下。薄荷的茎、叶味辛，性温，无毒。可通利关节，除体内毒气，散瘀血，祛风热。还可治腹部胀满、腹泻、消化不良等。

□ 芝麻

又名脂麻、胡麻、油麻等。李时珍说：胡麻就是脂麻，分迟、早两种，有黑、白、红三种颜色，其茎秆呈方形，秋季开白花，偶有开紫色花的。其味甘，性平，无毒。主伤中虚亏，补五脏，增气力，长肌肉，长智力。长期服用可强健筋骨，耳聪目明，延年益寿。

◎ 胡麻自然汁

将腌菜切成寸段，连着汁放入干净的容器。倒入榨好的芝麻汁，加入白盐、捣碎的姜，搅拌均匀，浇在面上。这是余杭寿禅师的做法。如是不信佛的人吃，加上炒熟的葱和韭菜味道更好。

——宋·陶谷《清异录》

茶供

原文 ‖ 茶即药也。煎服[1],则去滞而化食。以汤点之[2],则反滞膈而损脾胃。盖世之利者[3],多采叶杂以为末,既又怠[4]于煎煮,宜有害也。

今法:采芽,或用碎萼,以活水火[5]煎之。饭后,必少顷乃服。东坡诗云"活水须将活火烹",又云"饭后茶瓯味正深"[6],此煎法也。陆羽《经》[7]亦以"江水为上,山与井俱次之"。今世不惟不择水,且入盐及茶果,殊失正味。不知惟有葱去昏,梅去倦,如不昏不倦,亦何必用?古之嗜茶者,无如玉川子[8],惟闻煎吃。如以汤点,则又安能及也七碗乎[9]? 山谷词云[10]:"汤响松风,早减了、七分酒病。"倘知此,则口不能言,心下快活,自省如禅参透。

注释 ‖〔1〕煎服:煎汁饮用。煎茶法以唐代为盛,据陆羽《茶经》记载,煎茶法的茶主要用饼茶,经炙烤、冷却后碾成茶末。初沸调盐,二沸投末,并加以环搅,三沸则止。

〔2〕以汤点之:指点茶法,盛行于宋代。点茶时,将团饼茶捶碎,熟碾,过筛后的茶粉直接放入碗中。点茶所需茶器为"茶瓶"(又称汤瓶),用以煮水注汤用;"茶盏"及"茶托"为盛置茶末及冲点饮茶用;"茶匙"或"茶筅"则用以击拂搅拌茶末。汤瓶中水煮沸后,将沸水倒入茶盏,并用竹制茶筅不停搅拌,直到茶汤表面形成厚厚的泡沫(沫饽)为止。

〔3〕世之利者:世上那些追名逐利的人。

〔4〕怠:懈怠。

〔5〕活水火:指活水及活火。活水,有源头、常流动的水,如江水。

〔6〕饭后茶瓯味正深:疑出自苏轼诗《佛日山荣长老方

□ 妇女涤器雕砖　北宋

一位女子正在长桌前擦拭茶具,桌上放置有带荷叶盖的罐子、茶匙、茶托与茶盏。这件涤器雕砖呈现了宋代烹茶活动的准备工作。

叶　味苦，性微寒，无毒。叶草质，长圆形或椭圆形，先端钝或尖锐，上面发亮，下面无毛或初时有柔毛，边线有锯齿。可制茶。

花　一般为白色，也有红色，少数为淡黄色。由花芽发育而成，花瓣5~9片。花芽于6月中旬形成，10—11月为盛花期。

果　蒴果球形，三棱，种子棕褐色。果皮未成熟时为绿色，成熟后变为褐色和红褐色。种子可榨油。

茶叶　可食用、饮用，也可入药。茶叶因制作工艺不同，可分为绿茶、红茶、乌龙茶等多种茶。绿茶、铁观音性偏寒，乌龙茶为中性，红茶、普洱茶为温性。

□ 茶树

　　《本草纲目》说：茶树怕水和太阳，适宜生长在坡地阴处。清明前采最好，谷雨前采次之，以后便是老茗了。采、蒸、揉、焙，制作都有方法，详见《茶谱》。茶味苦、甘，性微寒，无毒。可治瘘疮，利小便，祛痰热，止渴，令人少睡。也可下气消食，清头目，治中风头昏等。

丈五绝》之四："食罢茶瓯未要深，清风一榻抵千金。腹摇鼻息庭花落，还尽平生未尽心。"

〔7〕陆羽《经》：陆羽（733—804年），字鸿渐，一名疾，字季疵，号竟陵子、桑苎翁、东冈子，又号茶山御史。复州竟陵（今湖北天门）人。一生嗜茶，精于茶道，被誉为"茶圣"。其撰写的《茶经》是世界上第一部茶专著。后文"江水为上，山与井俱次之"应为林洪误记，原为"其水，用山水上，江水中，井水下"。

〔8〕玉川子：唐代卢仝（约795—835年），早年隐少室山，自号玉川子，范阳（今河北涿州）人。博览经史，工诗精文，不愿仕进。是韩孟诗派重要人物之一。作有《走笔谢孟谏议寄新茶》一诗，常被称作"饮茶歌"或"七碗茶"诗。

〔9〕安能及也七碗乎：出自卢仝《走笔谢孟谏议寄新茶诗》。

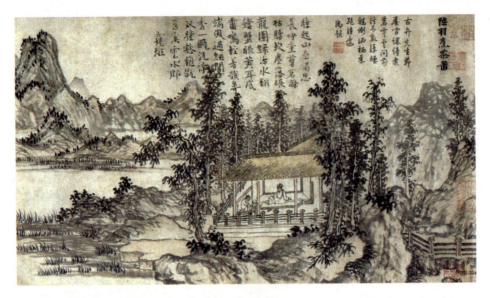

□ 《元人集锦卷》之《陆羽烹茶图》局部　元　赵原

在陆羽之前，茶大多作药用与食用，而陆羽主张饮茶的要点是品味茶本身的真香真味，借饮茶来修身养性、平心静气，以茶端正人性。

〔10〕山谷词云：指黄庭坚的词《品令·茶词》，林洪引文略有出入。

译文 ‖ 茶就是一种药。煎着饮用，能去滞化食。用热水点来吃，则反滞膈而损伤脾胃。世上那些追逐利益的奸商，多采叶子掺杂在茶中当作茶末，加上人们又懒于煎煮，因此多有害处。

如今的方法：采茶叶的嫩芽，或者用碎萼，用活水及活火煎煮饮用。饭后，一定要过片刻才饮茶。苏东坡有诗说："活水须将活火烹"，又说："饭后茶瓯味正深"，这说的正是这种煎茶的方法。陆羽《茶经》中也认为煎茶以江水最好，山泉水和井水要次一等。现在的人们不光不选择水，还加入盐及茶果，太失茶的正味了。不知道只有葱去昏，梅去倦，如果既不昏也不倦，又何必用葱和梅呢？古人嗜好饮茶的，都比不上玉川子，听说他就是煎着吃的。如果用热水点茶，那又怎能连喝七碗呢？黄山谷有词说："汤响松风，早减了、七分酒病。"倘若知道这个道理，那么虽不能言传，也心下快活，如同参透了禅一样。

□ 《文会图》局部　北宋　赵佶

宋代饮茶之风大盛，自天子至庶民，皆以饮茶为乐，茶文化极大地丰富了宋人的日常生活与社交。《文会图》为宋徽宗赵佶所绘，表现了一众高士以文会友、饮酒赋诗的场景。从此画局部中的这三位侍者的动作和炭炉、烧水壶、执壶、碗盏等相应物件中，我们可以窥见备茶的部分工序：候汤、点茶、温盏（即预先用热水将茶盏等容器烫热）、清理桌面。

⊙ 文中诗赏读

汲江煎茶

〔北宋〕苏轼

活水还须活火烹，自临钓石取深清。

大瓢贮月归春瓮，小杓分江入夜瓶。

雪乳已翻煎处脚，松风忽作泻时声。

枯肠未易禁三碗[1]，卧听荒城长短更。

注释 ‖〔1〕枯肠未易禁三碗：典出卢仝《走笔谢孟谏议寄新茶诗》："一碗喉吻润，二碗破孤闷。三碗搜枯肠，唯有文字五千卷。四碗发轻汗，平生不平事，尽向毛孔散。五碗肌骨清，六碗通仙灵。七碗吃不得也，唯觉两腋习习清风生。"这里的意思是说如此佳茗却喝不了三碗，乃因身居异乡的贬谪之感所致。

佛日山荣长老方丈五绝·其四
〔北宋〕苏轼

食罢茶瓯未要深，清风一榻抵千金。
腹摇鼻息庭花落，还尽平生未足心。

走笔谢孟谏议寄新茶诗
〔唐〕卢仝

日高丈五睡正浓，军将打门惊周公。
口云谏议送书信，白绢斜封三道印。
开缄宛见谏议面，手阅月团三百片。
闻道新年入山里，蛰虫惊动春风起。
天子须尝阳羡茶，百草不敢先开花。
仁风暗结珠琲瓃，先春抽出黄金芽。
摘鲜焙芳旋封裹，至精至好且不奢。
至尊之余合王公，何事便到山人家？
柴门反关无俗客，纱帽笼头自煎吃。
碧云引风吹不断，白花浮光凝碗面。
　　一碗喉吻润，二碗破孤闷；
　　三碗搜枯肠，唯有文字五千卷。
四碗发轻汗，平生不平事，尽向毛孔散。
　　五碗肌骨清，六碗通仙灵；
七碗吃不得也，唯觉两腋习习清风生。
　　蓬莱山，在何处？
　　玉川子，乘此清风欲归去。
山上群仙司下土，地位清高隔风雨。
安得知百万亿苍生命，堕在巅崖受辛苦！

便为谏议问苍生,到头还得苏息否?

品令·茶词
〔北宋〕黄庭坚

凤舞团团饼[1]。恨分破、教孤令。金渠[2]体净,只轮慢碾,玉尘光莹。汤响松风,早减了、二分酒病。

味浓香永。醉乡路、成佳境。恰如灯下,故人万里,归来对影。口不能言,心下快活自省。

注释 ‖ [1] 凤舞团团饼:宋进贡茶,先制成茶饼,然后以蜡封之,盖上龙凤图案,为名贵之茶。皇帝有时也将这种龙凤团茶少量分赐给官员。
[2] 金渠:金属制品。指茶碾。

◎ 斗茶法

斗茶又名斗茗、茗战，顾名思义就是比赛茶的优劣，参与者各取所藏好茶，轮流烹煮，品评高下。斗茶始于唐代，盛于宋代，是一种达官贵人、文人雅士的雅玩，颇具趣味性和挑战性。

茶百戏 又称分茶、水丹青，是一种以研膏茶为原料，用清水使茶汤幻变图案或用沫浡在茶汤上绘画的技艺。制作好的茶表面如一幅水墨图画，是宋代士大夫间流行的一种文化活动，杨万里曾咏茶百戏曰："分茶何似煎茶好，煎茶不似分茶巧。"

斗茶令 斗茶令是指在斗茶时吟诗作对、引经据典，但内容皆与茶有关。茶令如同酒令，起到助兴增趣的作用。

斗茶品 斗茶品包括斗汤色、斗水痕。先看汤色，斗汤色以纯白者为胜，其余均为下品。因为汤色能反映茶的品质：茶汤纯白，表明原茶肥嫩，制作恰到好处；色偏青，说明蒸茶时火候不足；色偏灰，说明蒸茶时火候太过；色偏黄，说明茶叶未及时采制；色偏红，说明烘焙时火候太过。再看沫浡持续时间的长短。如果研碾细腻、点茶、点汤、击拂每个过程都恰到好处，沫浡就均匀细腻、久聚不散、"咬盏"牢固；反之，若沫浡很快散开，也不能挂紧盏口，就必败无疑了。斗水痕则以汤与盏相接处水痕出现的早晚为判断茶汤优劣的依据。水痕出现得迟者为上。但有时，茶质虽略次于对方，但煮水、点茶等茶技运用得当，也能呈现出色的茶品。

◎ 煎茶法

煎茶法是唐代最流行的饮茶方式，最早可见于陆羽的《茶经》。当时，唐代民间流行在茶中加入各味调料，陆羽却认为如"沟渠间弃水耳"，于是提出只加盐的煎茶法，茶技相比之前也更为讲究。陆羽的煎茶法可分为九个部分。

① **备器** 首先备好所需的茶器，如风炉、茶碾、茶罗、茶碗等。据《茶经·四之器》记载，煎茶法需要准备二十四种茶器。

② **备茶** 唐代人的茶叶选择大体分为四类：粗、散、末、饼，《茶经》里记述的煎茶法大多用饼茶。选好的茶叶在投入之前需要经过炙茶、碾罗的工序。即先将饼茶放在火上炙烤，不停翻动直至干燥，再放入纸囊。待纸囊中的饼茶冷却，将其碾碎成末，再放入茶罗中过筛，得到几乎没有粗梗和碎片的茶末。然后将这大小均匀的茶末放入盒中贮藏。

③ **择水** 《茶经》认为山泉水为佳，江水为中，井水为下。而山泉水又以缓慢流淌的乳泉水最好。

④ **取火** 首选木炭，其次可用槐、桐等树木的干枯树枝，锤碎后放入风炉。

⑤ **候汤** 将茶鍑（煮茶用的大口锅）固定在交床（支架）或风炉上，再把活水倒入茶鍑中，点燃碎木炭生火。

⑥

煎茶 水沸如鱼目，略微有声时为一沸，此时投入少许盐，为的是中和茶味。水珠如涌泉般出现在茶鍑边缘时当为二沸，此时需舀出少许水，以便之后止沸。然后，一边拿着竹夹在鍑中央画圆搅动，一边用则（类似今汤匙形，用以量茶之多少）取出茶末倒进水中。三沸时，水如波涛般翻涌，倒入二沸时舀出的水，止沸的同时培育汤花。汤花便是沫浡，薄者为沫，厚者为浡。同时注意撇掉黑沫，使茶汤更香醇。

⑦ **斟茶** 舀出沫浡均匀的茶汤，斟入碗里。风味最佳的当属头三碗，最多可分五碗。不够分的可再煎一鍑，以保证茶之鲜美。

⑧ **品茶** 《茶经·六之饮》提到一定要趁热饮茶，留有沫浡的茶才香醇馥烈。

⑨ **洁器** 使用过的茶器处理完残渣后，用生水清洗干净，擦拭后放入都篮（贮藏茶器的箱子）保存，以便下次取用。

◎ 点茶法

中国的饮茶之风兴于唐而盛于宋。据《梦粱录》记载，"盖人家每日不可阙者，柴米油盐酱醋茶"。自宋代始，茶成为了开门"七件事"之一，可见其在人们生活中的重要地位。宋代的饮茶方式相较于唐代有所变化，点茶法逐渐取代了煎茶法，成了当时流行的饮茶方式。点茶的程序为炙茶、碾罗、烘盏、候汤、击拂、烹试。其中候汤和击拂最为关键。先炙烤饼茶，再碾碎成细末，用茶罗将茶末筛细。再将筛过的茶末放入茶盏中，注入少量开水，搅拌均匀，最后注入开水，用一种竹制的茶筅反复击打，使之产生泡沫（汤花），以茶盏边壁不留水痕者为佳。点茶法和唐代的煮茶法的最大不同就在于不再将茶末放到锅里去煮，而是将研细后的茶末放在茶盏里，先冲入少许沸水点泡，把茶末调匀，再用茶筅或茶匙环回击拂，待茶末与水充分融合、产生泡沫后再饮用。还可在雪白的茶沫上绘画山水、花鸟等图案，称为"茶百戏"，为饮茶活动增添一重视觉享受。宋人为评比茶的品质，在士大夫中兴起"斗茶"之风，甚至连皇帝都参与其中。

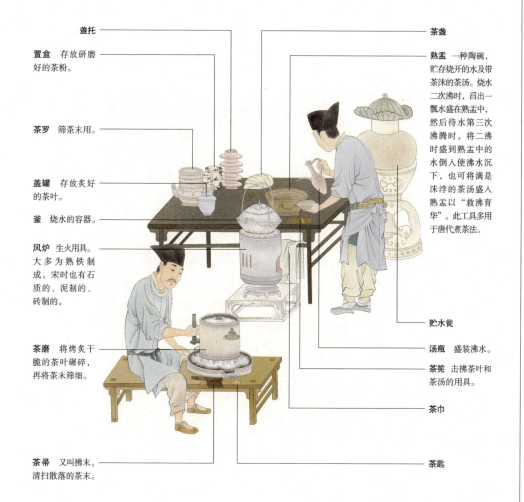

新丰[1]酒法

原文 ‖ 初用面一斗、糖醋三升、水二担，煎浆。及沸，投以麻油、川椒、葱白，候熟，浸米一石[2]。越[3]三日，蒸饭熟，乃以元浆煎强半，及沸，去沫。又投以川椒及油，候熟注缸面[4]。入斗许饭及面末十斤、酵半升。既晓，以元饭贮别缸，却以元酵饭同下，入水二担、曲二斤，熟踏覆之。既晓，搅以木摆。越三日止，四五日，可熟。

其初余浆，又加以水浸米，每值酒熟，则取酵以相接续，不必灰[5]其曲，只磨麦和皮，用清水搜作饼，令坚如石。初无他药，仆尝从危巽斋子骙之新丰，故知其详。危居此时，尝禁窃酵，以专所酿；戒怀生粒[6]，以金所酿；且给新屦[7]，以洁所。所酵诱客，舟以通所酿。故所酿日佳而利不亏。是以知酒政[8]之微，危亦究心[9]矣。

昔人《丹阳道中》[10]诗云："乍造新丰酒，犹闻旧酒香。抱琴沽一醉，尽日卧斜阳。"正其地也。沛中自有旧丰，马周独酌之地[11]，乃长安效新丰也[12]。

注释 ‖ 〔1〕新丰：今陕西省西安市临潼区东北，汉置，秦曰骊邑，以产美酒著名。南朝梁元帝《登江州百花亭怀荆楚》诗："试酌新丰酒，遥劝阳台人。"唐·王维《少年行》诗："新丰美酒斗十千，咸阳游侠多少年。"

〔2〕石（dàn）：古代容量单位，十斗为一石。

〔3〕越：度过，超出。

〔4〕缸面：新酿成的酒。唐·何延之《兰亭始末记》："（辩才）便留夜宿，设缸面药酒茶果等。江东云缸面，犹河北称瓮头，谓初熟酒也。"

〔5〕灰：碎裂。

〔6〕生粒：生的米粒。

〔7〕屦（jù）：古代用麻葛制成的一种鞋。

〔8〕酒政：指有关酒的酿造、买卖及税收等方面的政令。

〔9〕究心：用心研究。

〔10〕《丹阳道中》：指宋·陈存的诗《丹阳作》。一说为唐·朱彬所作。诗中个别字不一样，当是林洪误记。

□ 宋代酒店 《仿李嵩西湖清趣图》局部 元 佚名

宋代的酒店大体可分为四类：一是正店，即获得官方酿酒许可证的豪华酒店，可自行酿酒；二是脚店，即没有酿酒权的城市酒店，只能从榷酒机构或正店购买酿好的酒再销售；三是获得特许酿酒权的乡村酒肆，因其利润较薄，故宋代榷酒机构一般不将其纳入榷酒范围；四是酒库附属酒楼，酒库是南宋时期大量出现的官营酒厂，许多酒库都下设酒楼，如临安东库设有太和楼，钱塘正库设有先得楼，图为杭州西湖的钱塘正库。

〔11〕马周独酌之地：唐代马周（601—648年），字宾王，清河郡茌平县（今山东聊城）人。少孤贫，勤读博学，后深得唐太宗李世民赏识，授监察御史，后累官至中书令。酷爱豪饮，曾在新丰一次喝酒一斗八升。

〔12〕长安效新丰也：据葛洪《西京杂记》载，新丰是汉高祖刘邦命人依照故乡沛中丰邑的样子所建造的，意为新迁来的丰乡。又将家乡的酿酒工匠们迁至新丰，酿酒给自己喝，即为新丰酒。

译文 ‖ 开始用面一斗、糖和醋三升、水二担煎成浆。等到浆沸，投入麻油、川椒、葱白，等熟了以后，浸入一石米。三天过后，将饭蒸熟，把元浆煎至近一半，等到沸腾了，撇去浮沫。又放入川椒及油，等熟后倒入一些以前酿的新酒。放入一斗左右的饭和十斤面末、半升酵母。等到天亮后，把剩余的元饭贮存到别的缸里。而把放过酵母的元酵饭，加入二担水、二斤曲，充分踩踏后覆盖好。天亮后,用木摆搅动。过了三日停止,四五日后,就算熟了。

将起初剩下的元浆,再加上水浸米。每次当酒熟了后,就取酵母来继续酿制,不必将曲捣碎,只需要磨出麦子,筛出麦皮,用清水做成饼,使之像石头一样坚硬就可以。当初没有酒药,我曾跟着危巽斋之子危骖到过新丰,所以了解得这么详细。危巽斋在这里的时候,曾经禁止偷酵母,以保证所酿之酒的专有;禁止混杂生米,以提高酒的品质;并且提供新鞋子,以保持酿酒场所的清洁。用自己藏的酒醅吸引客人,酿的酒则用船载着到处售卖。所以酿造的酒一天比一天好,获利也越来越多。由此知道有关酿酒、售酒之类的事,危先生都非常用心地研究过。

过去有人作《丹阳道中》诗云:"乍造新丰酒,犹闻旧酒香。抱琴沽一醉,尽日卧斜阳。"说的正是新丰这个地方。沛中本来有一个旧丰,马周独酌之地则是在长安城附近仿建的新丰。

⊙ 文中诗赏读

丹阳作

〔宋〕陈存

暂入新丰市,犹闻旧酒香。
抱琴沽一醉,尽日卧垂杨。

文化伟人代表作图释书系全系列

第一辑
《自然史》〔法〕乔治·布封 / 著
《草原帝国》〔法〕勒内·格鲁塞 / 著
《几何原本》〔古希腊〕欧几里得 / 著
《物种起源》〔英〕查尔斯·达尔文 / 著
《相对论》〔美〕阿尔伯特·爱因斯坦 / 著
《资本论》〔德〕卡尔·马克思 / 著

第二辑
《源氏物语》〔日〕紫式部 / 著
《国富论》〔英〕亚当·斯密 / 著
《自然哲学的数学原理》〔英〕艾萨克·牛顿 / 著
《九章算术》〔汉〕张 苍 等 / 辑撰
《美学》〔德〕弗里德里希·黑格尔 / 著
《西方哲学史》〔英〕伯特兰·罗素 / 著

第三辑
《金枝》〔英〕J.G.弗雷泽 / 著
《名人传》〔法〕罗曼·罗兰 / 著
《天演论》〔英〕托马斯·赫胥黎 / 著
《艺术哲学》〔法〕丹 纳 / 著
《性心理学》〔英〕哈夫洛克·霭理士 / 著
《战争论》〔德〕卡尔·冯·克劳塞维茨 / 著

第四辑
《天体运行论》〔波兰〕尼古拉·哥白尼 / 著
《远大前程》〔英〕查尔斯·狄更斯 / 著
《形而上学》〔古希腊〕亚里士多德 / 著
《工具论》〔古希腊〕亚里士多德 / 著
《柏拉图对话录》〔古希腊〕柏拉图 / 著
《算术研究》〔德〕卡尔·弗里德里希·高斯 / 著

第五辑
《菊与刀》〔美〕鲁思·本尼迪克特 / 著
《沙乡年鉴》〔美〕奥尔多·利奥波德 / 著
《东方的文明》〔法〕勒内·格鲁塞 / 著
《悲剧的诞生》〔德〕弗里德里希·尼采 / 著
《政府论》〔英〕约翰·洛克 / 著
《货币论》〔英〕凯恩斯 / 著

第六辑
《数书九章》〔宋〕秦九韶 / 著
《利维坦》〔英〕霍布斯 / 著
《动物志》〔古希腊〕亚里士多德 / 著
《柳如是别传》 陈寅恪 / 著
《基因论》〔美〕托马斯·亨特·摩尔根 / 著
《笛卡尔几何》〔法〕勒内·笛卡尔 / 著

第七辑
《蜜蜂的寓言》〔荷〕伯纳德·曼德维尔 / 著
《宇宙体系》〔英〕艾萨克·牛顿 / 著
《周髀算经》〔汉〕佚 名 / 著 赵 爽 / 注
《化学基础论》〔法〕安托万-洛朗·拉瓦锡 / 著
《控制论》〔美〕诺伯特·维纳 / 著
《月亮与六便士》〔英〕威廉·毛姆 / 著

第八辑
《人的行为》〔奥〕路德维希·冯·米塞斯 / 著
《纯数学教程》〔英〕戈弗雷·哈罗德·哈代 / 著
《福利经济学》〔英〕阿瑟·赛西尔·庇古 / 著
《数沙者》〔古希腊〕阿基米德 / 著
《量子力学》〔美〕恩利克·费米 / 著
《量子力学的数学基础》〔美〕约翰·冯·诺依曼 / 著

中国古代物质文化丛书

《长物志》
〔明〕文震亨/撰

《园冶》
〔明〕计 成/撰

《香典》
〔明〕周嘉胄/撰
〔宋〕洪 刍 陈 敬/撰

《雪宧绣谱》
〔清〕沈 寿/口述
〔清〕张 謇/整理

《营造法式》
〔宋〕李 诫/撰

《海错图》
〔清〕聂 璜/著

《天工开物》
〔明〕宋应星/著

《髹饰录》
〔明〕黄 成/著 扬 明/注

《工程做法则例》
〔清〕工 部/颁布

《清式营造则例》
梁思成/著

《中国建筑史》
梁思成/著

《文房》
〔宋〕苏易简 〔清〕唐秉钧/撰

《斫琴法》
〔北宋〕石汝砺 崔遵度 〔明〕蒋克谦/撰

《山家清供》
〔宋〕林 洪/著

《鲁班经》
〔明〕午 荣/编

"锦瑟"书系

《浮生六记》
〔清〕沈 复/著 刘太亨/译注

《老残游记》
〔清〕刘 鹗/著 李海洲/注

《影梅庵忆语》
〔清〕冒 襄/著 龚静染/译注

《生命是什么？》
〔奥〕薛定谔/著 何 滟/译

《对称》
〔德〕赫尔曼·外尔/著 曾 怡/译

《智慧树》
〔瑞士〕荣 格/著 乌 蒙/译

《蒙田随笔》
〔法〕蒙 田/著 霍文智/译

《叔本华随笔》
〔德〕叔本华/著 衣巫虞/译

《尼采随笔》
〔德〕尼 采/著 梵 君/译

《乌合之众》
〔法〕古斯塔夫·勒庞/著 范 雅/译

《自卑与超越》
〔奥〕阿尔弗雷德·阿德勒/著 刘思慧/译